武汉市 废弃矿山生态修复模式研究

Study on Ecological Restoration Model
of Abandoned Mines in Wuhan

刘奇志　赵中元
武汉市规划设计有限公司　黄宁　武静　朱芋静　等著

U0391545

中国建筑工业出版社

编委会

主编

刘奇志　赵中元　黄　宁　武　静　朱芋静

编委会成员

姚成劼　万　能　杨　逸　肖玉清　戴超兰

胡锦洲　田　雪　廖启鹏　黄春波　贾艳飞

肖明珠　梁　媛

序

　　武汉市作为中国中部、长江中游重要的核心城市，地理位置卓越，生态资源丰富，境内不仅湖群集聚、河湖环抱，更因北依大别山脉、南靠幕阜山脉、中部低山丘陵崛起，而拥有丰富的山体资源，时至今日仍有 446 座山体。在 20 世纪国家快速工业化阶段，武汉市曾经开发利用这些山体的矿产资源大力支持了城市的发展与建设，现今随着城市产业经济的升级发展，尤其是社会步入生态文明时期，为减少和避免对自然生态环境的破坏，武汉市域的矿山已陆续关闭（仅剩宝武集团的乌龙泉矿采矿证于 2023 年 4 月到期）。

　　不少关闭的矿山逐渐得以治理并转为他用，然而也有不少关闭的矿山因产权、债务等问题而成为废弃矿山。这些遗存的废弃矿山不仅存在地质灾害隐患、植被破坏、岩层裸露、水土流失、土地浪费等问题，而且连片的废弃矿山还会进一步损害区域生态功能，影响城市生态系统的稳定性。为此，武汉市近年来积极实施矿山地质环境治理，自 2012 年就启动了武汉市矿山地质环境治理示范工程，对江夏区、蔡甸区、东湖高新区及武汉经济开发区等地共计 11 个矿区完成了地质环境治理。

　　这些矿山地质环境治理工程是"名副其实"的矿山地质环境治理。其主要是针对单一矿山地质灾害、水质退化、山体破损等具体问题，通过坡面整形、削方工程、挡土墙、矿坑回填、植被恢复及矿山废弃地整治等工程措施，来重点解决废弃矿山的地质安全隐患、地形地貌破坏及土地资源损毁等地质问题，并未对废弃矿山及其周边区域作系统性的综合环境治理，至于修复后的矿山及其周边区域的发展与利用、所在片区的生态环境系统以及废弃矿山修复如何与所在区域、城市的国土空间规划相结合则未作充分考虑。

　　新一轮的国家机构改革将"生态修复"的统筹协调及规划管理职能赋予了自然资源和规划管理部门，为切实有效推进武汉市废弃矿山的生态修复工作，充分发挥矿山资源修复后的最大价值，我们在以往武汉市"多规合一"的工作基础上，按照"山水林田湖草是一个生命共同体"的理念，坚持保护、修复与利用相结合的原则，制定了《武汉市加快推进废弃矿山生态修复的实施意见》，明确提出既要结合各矿山自身条件与损毁情况编制"一矿一策"，更应突出规划引领作用，探索社会资本参与的多元投入机制，通过修复后的综合利用，来促成废弃矿山及其所在片区实现生态增效、产业赋能、价值提升的目标。

近两年来，全市各区以实施意见为指导，开展了一批废弃矿山的生态修复工作，尤其是江夏区在灵山废弃矿山一期治理过程中，在规划指导下及时将单一的地质环境治理工程调整为综合的生态修复工程，并通过引入"生态农业＋文化旅游"等主题产业，成功将灵山打造成为"4A"级生态文化旅游景区并广受大众喜爱，从而有效推动了灵山片区的环境整治和乡村振兴，真正实现了生态、经济与社会效益的综合提升。本书正是基于武汉市这些废弃矿山生态修复的规划探索而总结和编写，希望能对其他城市或区域的废弃矿山生态修复与利用规划有所帮助，从而促进废弃矿山及周边区域的整体治理、系统修复与综合利用，让废弃矿山"变废为宝"，使生态环境的价值得以充分发挥，全市乃至全国的生态环境能进一步改善和提升，大家能真正享受到更好的生态环境。

武汉市自然资源和规划局

2022 年 10 月

目录

1　山水形胜——武汉市生态资源禀赋与保护修复历程　　008

　　1.1　导论　　010

　　　　1.1.1　研究背景　　010

　　　　1.1.2　研究方法　　011

　　　　1.1.3　技术路线　　012

　　1.2　武汉市山水自然资源与生态格局　　012

　　1.3　武汉市生态保护修复工作发展历程　　013

　　　　1.3.1　城市美化阶段一：创建山水园林城市　　014

　　　　1.3.2　城市美化阶段二：全域生态保护框架与基本生态控制线划定　　014

　　　　1.3.3　生态修复阶段：从"城市双修"到国土空间生态修复　　015

　　1.4　武汉市国土空间生态修复规划体系　　015

2　大地之殇——废弃矿山危害城市生态系统功能　　018

　　2.1　武汉市矿产资源开发利用状况　　020

　　2.2　武汉市废弃矿山生态问题识别　　021

　　　　2.2.1　生态安全问题　　021

　　　　2.2.2　生态要素问题　　025

　　　　2.2.3　生态功能问题　　030

　　　　2.2.4　绿色发展问题　　033

　　2.3　废弃矿山生态问题分析及评估体系建立　　034

　　　　2.3.1　原因分析　　034

　　　　2.3.2　生态综合评估指标体系　　035

3　规划探索——践行生态修复与区域协同发展　　040

　　3.1　武汉市废弃矿山生态修复工作情况　　042

　　　　3.1.1　武汉市矿山地质环境治理示范工程　　042

　　　　3.1.2　武汉市长江干支流废弃露天矿山生态修复　　046

　　　　3.1.3　江夏区灵山工矿废弃地复垦利用试点项目（灵山一期）　　048

3.2 废弃矿山生态修复工作面临的问题   049

3.3 废弃矿山生态修复案例与模式   050

     3.3.1 废弃矿山生态修复案例研究   050

     3.3.2 废弃矿山生态修复模式总结   052

3.4 武汉市废弃矿山生态修复模式分类   053

     3.4.1 基于生态综合评估的废弃矿山生态修复模式分类研究   053

     3.4.2 武汉市废弃矿山生态修复模式分类   054

3.5 规划引领武汉市废弃矿山生态修复与利用   055

     3.5.1 生态复原模式实践——家新采石厂   055

     3.5.2 复绿复垦模式实践——灵山一期   062

     3.5.3 景观再造模式实践—— ·楼寨－鄂闽矿区 ·军山矿区   065

     3.5.4 综合利用模式实践—— ·灵山将军山矿区 ·政山采石厂 ·乌龙泉矿区   075

4 价值实现——武汉市废弃矿山生态修复效益评价与未来展望   092

4.1 武汉市废弃矿山生态修复综合效益评价   094

     4.1.1 废弃矿山恢复生态系统服务价值评价理论   094

     4.1.2 武汉市废弃矿山生态系统服务价值提升潜力   095

4.2 "双碳"目标下的矿山生态修复   097

     4.2.1 废弃矿山生态修复对"双碳"目标的贡献   097

     4.2.2 武汉市废弃矿山固碳潜力评估   098

4.3 探索修复后矿山生态价值的实现路径   098

     4.3.1 创新生态价值核算机制   099

     4.3.2 激活社会资本投资运营机制   100

     4.3.3 健全财税与金融多元保障机制   102

参考文献   104

1

—— 山水形胜 ——

武汉市生态资源禀赋与保护修复历程

1.1 导论

1.2 武汉市山水自然资源与生态格局

1.3 武汉市生态保护修复工作发展历程

1.4 武汉市国土空间生态修复规划体系

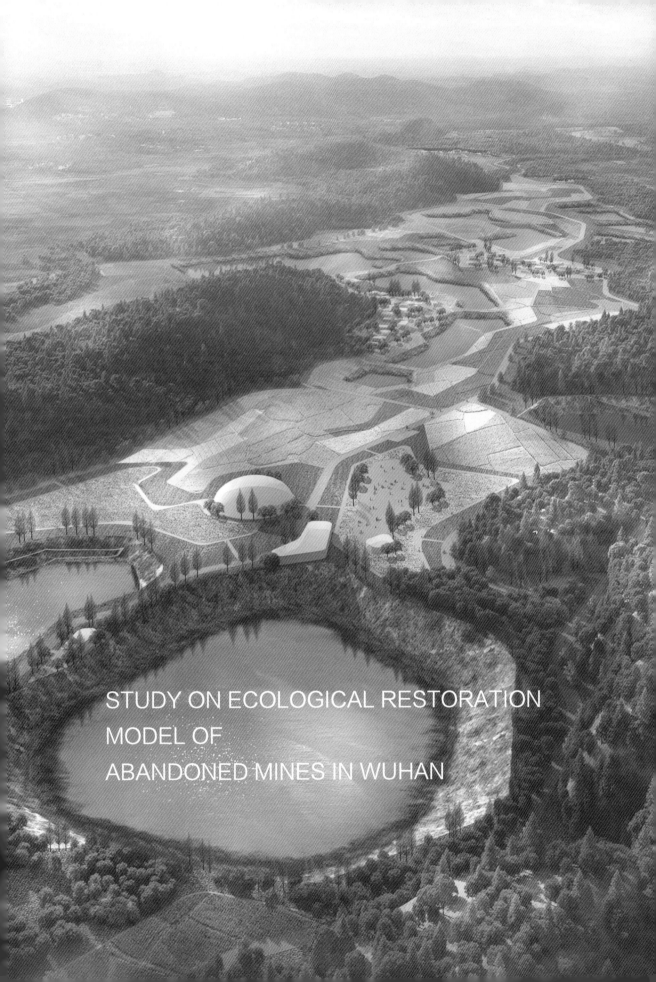

STUDY ON ECOLOGICAL RESTORATION
MODEL OF
ABANDONED MINES IN WUHAN

1.1 导论

1.1.1 研究背景

（1）生态文明建设战略新阶段

生态文明建设是新时代中国特色社会主义的一个重要特征，"十四五"时期我国进入新发展阶段，国家对加强生态文明建设提出了新的要求。中共中央办公厅、国务院办公厅相继印发《关于建立健全生态产品价值实现机制的意见》《关于鼓励和支持社会资本参与生态保护修复的意见》等一系列政策文件，推动生态要素系统治理、统筹生态保护修复和利用、动员全社会力量参与、实现生态产品价值已成为"十四五"时期生态文明建设的重要内容。

（2）废弃矿山生态修复新要求

"山水林田湖草是一个生命共同体"，其中废弃矿山作为受损生态要素的典型案例，对区域生态安全、生态功能、生态品质均会造成系统性不利影响。新的发展阶段下，国家对废弃矿山生态修复提出了新要求。2019 年 12 月印发的《自然资源部关于探索利用市场化方式推进矿山生态修复的意见》，通过自然资源政策激励，吸引社会各方投入，探索推行市场化运作、科学化治理的矿山生态修复模式，实现生态效益、社会效益和经济效益相统一。

（3）生态资源价值提升新重点

为贯彻落实习近平总书记关于碳达峰、碳中和的重要指示精神，落实《2030 年前碳达峰行动方案》部署，积极做好碳达峰、碳中和工作，提高生态系统质量和碳汇能力，财政部、自然资源部决定支持开展历史遗留废弃矿山生态修复示范工程。要求坚持节约优先、保护优先、自然恢复为主的方针，以"三区四带"重点生态地区为核心，聚焦生态区位重要、生态问题突出、相对集中连片、严重影响人居环境的历史遗留废弃矿山，重点遴选修复理念先进、工作基础好、典型代表性强、具有复制推广价值的项目，开展历史遗留废弃矿山生态修复示范，突出对国家重大战略的生态支撑，着力提升生态系统质量和碳汇能力。

1.1.2 研究方法

（1）案例研究

案例研究是本研究在探索并构建武汉市废弃矿山生态修复模式中重点使用的实证研究方法。本研究结合具体的矿山修复案例，在对多个典型废弃矿山修复项目的跨案例分析中，总结提炼出废弃矿山修复模式主要包括生态复原、复绿复垦、景观再造和综合利用等。

（2）文献研究

文献研究的主要功能是总结并归纳现有研究的主要结论，尤其是现有研究中对生态修复的评价指标体系和测度方法的研究成果，为构建武汉市废弃矿山生态修复模式和综合效益评价奠定理论基础。

（3）实地调查访谈法

重点选取武汉市军山矿区、家新采石厂、灵山将军山矿区、政山采石厂、乌龙泉矿区、楼寨 – 鄂闽矿区等代表性矿区进行实地调研，采集土壤、水质等环境数据，评估矿区地质灾害隐患点。选择 20 名相关专家、政府工作人员、勘察设计施工人员及周边居民，针对矿山生态环境修复治理工作，对每个人分别进行 1 个小时左右的访谈。

（4）基于专家知识的生态系统服务价值化方法

谢高地等在生态系统服务功能分类的基础上，构建了一种基于专家知识的生态系统服务价值化方法，并在样点、区域和全国尺度生态系统服务功能价值评估中得到了广泛的应用（谢高地 等，2015）。本研究以谢高地等的生态服务价值当量因子法为基础，依据各类文献资料调研和生物量时空分布数据等，通过对生态系统服务价值当量因子表进行修订和补充，建立不同生态系统类型、不同生态服务功能价值的时间和空间动态评估方法（谢高地 等，2015），为武汉市废弃矿山生态修复效益评价提供相对全面和较为客观的评估方法，从而为我国废弃矿山生态修复效益评价等提供更为科学的理论依据与支持。

1.1.3 技术路线（图 1-1）

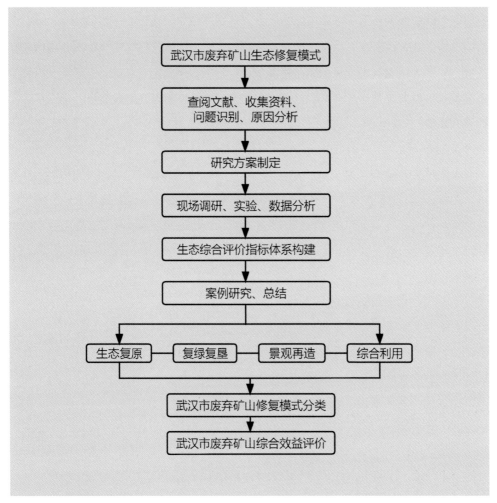

图 1-1 技术路线图

1.2 武汉市山水自然资源与生态格局

　　武汉市是国家中心城市之一，位于我国中部，山水林田湖草要素齐全，属鄂东南丘陵经江汉平原向大别山南麓发展的过渡地区，一直以地理态势独特、生态资源丰富为特点，素有"大江大湖大武汉"之称。武汉东北为大别山脉、南部为幕阜山脉，地形中间低平、南北丘陵环抱，尤其是北部低山林立，现有 446 座山体；同时长江与汉江在此交汇，境内湖群集聚、河网密布，现有 166 个湖泊、272 座水库、5 千米以上江河 165 条。

武汉市域生态格局可以概括为"两江交汇，北峰南泽"。长江、汉江及以龟山、蛇山为代表的东西山系（嵩阳山、马鞍山、龟山、蛇山、珞珈山、喻家山、九峰山）构成城市"山水十字轴"，形成"龟蛇锁大江"的山水格局；大军－青龙山脉（九真山、朱山、大军山、天光山、羊子山、长茅山、香炉山、青龙山），形成"锁江"的第二条山系。市域北部延续大别山山脉，包含云雾山、木兰山、将军山等三大山体片区，形成"北峰"的地貌特色；市域南部地势相对低洼，依托连绵湖泽，有梁子湖、鲁湖－斧头湖、沉湖等三大湖泊片区，形成"南泽"的生态特征。

武汉是长江中游地区生态空间与城镇空间结合最为密切的区域，体现典型的城镇化地区生态系统特征。全市以农田耕作集中区、农村居民点、城镇建成区等为代表，经过人类干预和改造的人工生态系统占比61%；以自然保护地、自然山体、湖泊、湿地等为代表，依靠自然调节能力维持结构相对稳定的自然生态系统占比39%。

1.3 武汉市生态保护修复工作发展历程

武汉的城市发展史从某种意义上看就是一部与水抗争、向水要地的历史，尤其是1949年后随着全国性的大发展，为扩大耕地、渔场和增加建设用地等生产生活空间、缓解用地矛盾，围湖造田、填湖开发、开山采石等行动一度成为城市发展建设的重要工作。据统计，武汉中心城区湖泊数量已由中华人民共和国成立之初的127个减少到现在的仅留存38个，随着水域面积的大幅萎缩，不少河湖湿地调蓄功能与生境质量显著下降；同时，全市100余座山体遭到不同程度的破坏，江夏区丁字山、蔡甸区上独山及武昌区元宝山等多座山体已基本消失，尤其是位于主城近郊、归属农村集体的山体因长期的开矿采石而破损较为严重。

从20世纪80年代开始，随着国家发展理念的转变，生态环境、人居品质等问题越来越受到重视，特别是党的十八大以来随着中央关于生态文明建设战略的提出，武汉也与全国一道逐步深化对"山水林田湖草生命共同体""人与自然生命共同体"及生态优先绿色发展的认识，开展了生态保护与修复规划建设工作，大致分为三个阶段。

1.3.1 城市美化阶段一：创建山水园林城市

20 世纪 80 年代末，武汉规划部门结合城市自然地理环境提出了构建城市山水"十"字景观轴线的设想；20 世纪 90 年代中期则结合编制城市总体规划、借助全国开展创建"园林城市"活动之势，提出了"突出湖光山色，实现城乡一体绿化网络，建立环境优美的山水园林城市"的构想和规划。为此，市委市政府要求"三年消灭荒山荒地，五年绿化武汉"，并组织实施了一批绿化广场、公园游园、绿色长廊、景观道路等重点区域绿化，掀起了有利于城市生态环境的山水园林城市建设热潮。

1998 年长江流域特大洪水造成了武汉市尤其是汉口城区的严重内涝，更进一步让人们认识到湖泊其实还具有城市排涝调蓄作用，填湖会导致对整个城市生活命脉的破坏。于是，武汉市开始反思以前大规模围垦建设、填湖开发的弊端，并结合创建山水园林城市规划，以提升公共空间和改善人居环境为重点，对重要山体、水体等生态资源进行"抢救性"保护，迅速扭转了开山采石、填湖造城的被动局面。同时，规划部门还结合创建山水园林城市规划提出了保护蓝绿框架、保障生态用地的发展要求，并就长江的江滩整治和众多湖泊的环境改造提出了详细建设规划，从而引导城市建设营造出汉口江滩公园等一批深受市民及游客欢迎的城市滨水绿化风光带，城市发展建设开始重点关注自然生态环境。

1.3.2 城市美化阶段二：
全域生态保护框架与基本生态控制线划定

进入 21 世纪，随着国家发展建设的加速，城市空间发展与自然生态环境的矛盾不断显现，促使人们对自然资源和生态空间的保护意识进一步强化。为此，武汉市在 2004 年组织编制 2020 年武汉市城市总体规划时，就保护城市生态环境、解决城区热岛效应问题进行专题研究，提出了"1（主城）+6（新城组群）+6（生态绿楔）"的空间结构规划方案，以构建六大生态绿楔，切实保护主要风道和生态廊道，避免城市"摊大饼"式发展。

为落实好城市生态整体框架，武汉市从 2012 年起先后组织编制了都市发展区 1:2000 基本生态控制线规划、全域生态框架保护规划，首次划定全市基本生态控制线范围，并组织编制了市域 166 个湖泊"三线一路"（蓝线、绿线、灰线和环湖道路）保护规划、主城区绿地系统和绿道网络系统等的专项规划。武汉"两型社会"展示馆展示的总体生态框架及规划行动得到了有关领导的充分肯定和表扬，这又促使武汉更进一步完善生态保护的立法保障，于 2016 年正式颁布实施了全国首部地方性生态保护条例——《武汉市基本生态控制线管理条例》，明确提出了对山水林田湖草"应保尽保"的法规原则，真正让武汉实现了从千百年来的围湖造田向如今主动还江河湖泊空间的历史性转变。

1.3.3 生态修复阶段：从"城市双修"到国土空间生态修复

武汉市作为水资源丰富的城市，始终将水作为城市赶超发展的重要战略资源，也较早探索以水资源为重点的生态修复和建设。不仅在系统层面，提出了"以水定城、以水润城、以水优城"的三大策略，构建高效的城市水安全保障、开放连续的蓝绿网络和功能多元的滨江滨湖功能区体系，并按照"大湖＋"理念，依托湖泊良好的生态基底，开展生态修复，融入生态功能，形成以湖泊公园、滨湖绿道等生态多元素串联的湖链公园群；而且还在实施层面，以"四水共治""海绵城市"为切入点，空间上聚焦"黑臭水体、低洼易渍、大湖周边"等重点区块，时间上衔接"四水共治、城建计划、绿水青山"等行动计划，围绕"护蓝、优绿、理岸"形成若干重大工程，先后成功实施武汉新区六湖连通、大东湖生态水网等水系联通，以及东湖绿道、后官湖绿道和六大生态绿楔内郊野公园等重点生态功能区的生态修复建设。

同时，近年来随着国家对矿山治理、山体修复的高度重视，武汉也就山体修复、矿山治理等方面展开了一系列工作，据不完全统计，自 2013 年以来武汉市按照"宜林则林、宜建则建"的原则开展了一系列矿山地质环境治理示范工程及破损山体生态修复工程，总耗资逾 10 亿元，其所修复的 75 座破损山体修复面积达 870 公顷，取得了较好的成效，积累了一定的经验（刘奇志 等，2021）。

1.4 武汉市国土空间生态修复规划体系

在我国现行"五级三类四体系"的国土空间规划体系框架下，生态修复规划属于国土空间特定领域的专项规划。由于生态修复涉及森林、湿地、江河湖泊、耕地、矿山等多种生态要素和多个行政主管部门，因此有必要通过顶层设计，使生态修复工作进一步体系化、模块化、标准化。武汉市总结十多年来开展"多规合一"的工作经验，对原有规划不是简单地推倒重来，而是充分继承和整合各类空间性规划的传统优势与核心内容，强化生态资源管控的约束性，突出国土空间开发保护的政策性，来构建全市生态修复规划体系。

武汉市新一轮国土空间规划编制体系的初步方案是由"市－区－乡"三级、"总－专－详"三类规划构成（图 1-2），故在此基础上，武汉市国土空间生态修复规划体系重点抓规划编制审批、实施监督、法规政策、技术标准四个方面，以提升生态修复规划工作的系统性（图 1-3），有效解决部门规划事权交叉、协作不够、多头管理甚至相互打架等问题；同时，结合实施内容及层次，以"市级生态修复专项规划＋区级生态修复专项规划＋行业生态修复专项规划"为主脉，明确生态修复工作的事权划分和职责分工，形成武汉市纵向统一、横向联动、条块结合的国土空间生态修复工作格局，促进生态修复由"单点突破"转向"系统推进"（刘奇志 等，2021）。

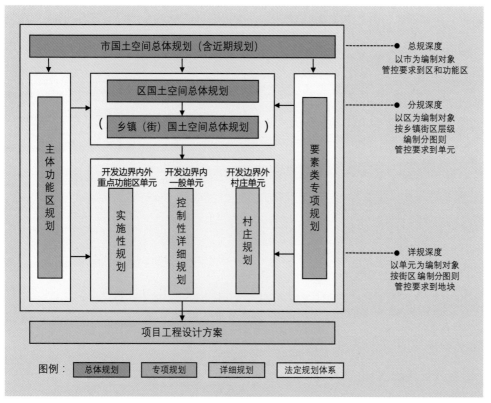

图 1-2　武汉市新一轮国土空间规划编制体系初步框架

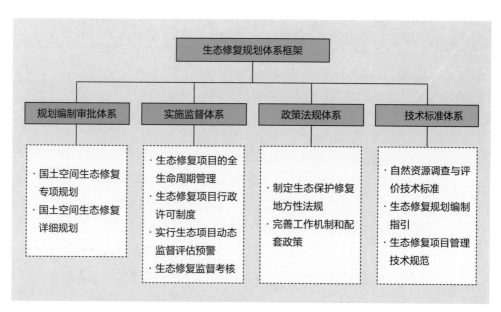

图1-3 武汉市国土空间生态修复规划体系框架图

2

— 大地之殇 —

废弃矿山危害城市生态系统功能

2.1 武汉市矿产资源开发利用状况

2.2 武汉市废弃矿山生态问题识别

2.3 废弃矿山生态问题分析及评估体系建立

STUDY ON ECOLOGICAL RESTORATION
MODEL OF
ABANDONED MINES IN WUHAN

2.1 武汉市矿产资源开发利用状况

武汉市矿产资源以建材和冶金辅助原料等非金属矿为主，包括能源矿产、金属矿产、非金属矿产、水气矿产等，其中非金属矿产占绝大部分，种类多达三十余种。

武汉市矿产资源分布不均，南北区域集中度较高。矿产地主要集中在江夏区、蔡甸区、黄陂区、新洲区四个辖区，矿产资源分布形成了南、北两个成矿集中区：南部成矿集中区以江夏、蔡甸两地产出的建筑用砂岩、建筑石料用灰岩、水泥用石灰岩、制灰用石灰岩、玻璃用砂岩、熔剂用石灰岩、冶金用白云岩、冶金用石英岩、膨润土、石膏等矿产为主；北部成矿集中区以黄陂、新洲两地产出的建筑用白云岩、建筑用砂、片麻岩、玄武岩、花岗岩、大理石等矿产为主。

地热、矿泉水具有一定资源潜力。按照武汉市城市建设总体要求和部署，露天开采矿种严格限制开发利用总量，原开发利用矿山多数已经关闭，管控区域逐年增加，开采区域不断缩减。矿泉水、地热（清洁可再生能源）开发利用对生态环境影响相对较弱，已发现多个矿产地和有利成矿地带，是武汉市潜在优势矿产。

根据 2021 年统计数据显示，武汉市尚有未治理废弃矿山 16 座（图 2-1），主要分布在蔡甸区、江夏区和新洲区，以露天采石场为主（表 2-1）。另有灵山将军山矿区正在治理中。

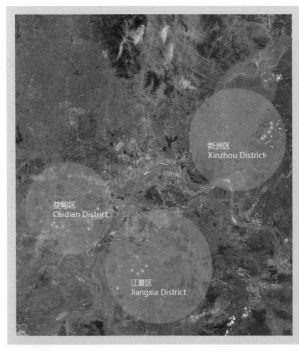

图 2-1 武汉市未治理废弃矿山分布图

序号	所在行政区	矿山名称	矿业权证面积（公顷）	备注
1	蔡甸区	蔡甸区侏儒山街横山红石厂	7.05	—
2		蔡甸区侏儒山街顺通采石厂	20.84	军山矿区
3		蔡甸区侏儒山街军山联合采石厂	15.26	
4		蔡甸区侏儒山街中湾采石厂	18.89	
5		蔡甸区侏儒山街东山采石厂	7.50	—
6		蔡甸区大集街家新采石厂	3.02	家新采石厂
7		蔡甸区群建村废弃矿山	—	—
8	江夏区	武汉钢铁集团矿业有限责任公司乌龙泉矿	537.83	乌龙泉矿区
9		武汉市江夏区乌龙泉灰石厂	11.14	
10		武汉市江夏区乌龙泉新生活村采石厂（延续）	2.73	
11		武汉市江夏区政山采石厂	28.53	政山采石厂
12	新洲区	湖北省武汉市新洲区旧楼寨碎石加工厂（简称楼寨采石厂）	24.67	楼寨-鄂闽矿区
13		湖北省武汉市新洲区旧街晏冲采石厂（简称晏冲采石厂）	13.58	
14		湖北省武汉市新洲区锋立石材有限公司（简称锋立采石厂）	4.57	
15		湖北省武汉市鄂闽朋达石材有限公司（简称鄂闽朋达采石厂）	4.99	
16		武汉市新洲区闽鄂石料厂（简称闽鄂石料厂）	3.53	

2.2 武汉市废弃矿山生态问题识别

废弃矿山作为典型的受损生态要素，会对区域生态环境造成系统性不利影响。废弃矿山所引起的生态问题与矿产的种类、矿山规模、开采方式、生产工艺、经济类型以及地质环境条件密切相关。武汉市历史遗留废弃矿山关停前主要以露天开采为主，所引发的问题主要表现在生态安全、生态要素、生态功能、绿色发展四个方面。

2.2.1 生态安全问题

（1）降雨侵蚀力分析

土壤侵蚀的产生是多种自然与社会因素相互作用的结果，而降雨是土壤侵蚀的主要动力。降雨侵蚀力反映了由降雨引起土壤侵蚀的潜在能力,通过降雨和表层径流的混合效应描述了气候对土壤侵蚀的影响(黄春波,2019)。通用土壤流失方程RUSLE(Revised Universal Soil Loss Equation)是一个简单而通用的降雨侵蚀力评估模型(式2-1),该模型在全世界得到了广泛的推广应用。

$$A=R\times K\times L\times S\times C\times P \tag{2-1}$$

式中 A 表示土壤流失量[单位:吨/(公顷·年)], R 表示降雨侵蚀力因子[单位:兆焦耳·毫米/(公顷·小时·年)], K 表示土壤可侵蚀性因子[单位:吨·小时/(兆焦耳·毫米)], L 表示坡长因子, S 表示坡度因子, C 表示植被覆盖因子, P 表示土壤保持管理措施因子。 L 、 S 、 C 和 P 均无量纲(黄春波,2019)。

降雨侵蚀力分析结果见表2-2。

降雨侵蚀力分析结果   表2-2

序号	矿区		降雨侵蚀力评估结果 [土壤流失量,吨/(公顷·年)]
1	军山矿区		68.68
2	家新采石厂		16.01
3	灵山将军山矿区		38.93
4	政山采石厂		43.27
5	乌龙泉矿区		59.85
6	楼寨-鄂闽矿区	闽鄂石料厂	24.92
7		锋立采石厂	28.50
8		鄂闽朋达采石厂	28.16
9		楼寨采石厂	45.12
10		晏冲采石厂	45.89

(2)地质灾害分析

地质灾害主要是指在矿区进行相关开采的过程中,由于开采规模或者相关技术等因素导致井巷、岩体发生变形,以及矿区地质或水文等环境发生变化,从而使自然环境遭到破坏和生命财产安全遭受损失。

由于矿业活动诱发的地质灾害,主要是人为地质作用所致,基本涵盖了除火山地质灾害以外的所有地质灾害。这些地质灾害有:洞井塌方、冒顶、偏帮、鼓底、岩爆、高温、突水、滑坡、泥石流、瓦斯爆炸、沙漠化、盐碱化、三废污染、地方病、煤层自燃和矿震等(魏东岩,2003)。

武汉市矿山地质灾害类型主要是崩塌。总体来看,废弃矿山项目所在的区域常常地形复杂多样，一些矿山项目所在区域的岩体受到人为的不当开采、强烈切割后，岩体不稳定。此外，由于矿山项目所在区域的地质环境十分脆弱，容易受到外力作用改变其稳定性，导致项目所在区域地质崩塌多发、易发。后期，在矿山开采过程中盲目追求经济效益或相应的措施处理不当，也会加剧矿山崩塌发生的概率（张平，2018）。

按照突出重点、划分主次、分步实施、注重效益的原则，结合相关地质环境治理工作实践经验，对修复区进行 1∶500 地形地质图测绘，开展 1∶500 专项矿山环境地质调查，1∶200 工程地质剖面测绘；统计出各矿区地质灾害隐患点，并以"将军山危岩体和弃渣场"为例进行相关评价（表 2-3~ 表 2-6，图 2-2）。

地质灾害隐患统计表 表 2-3

矿区	出露地层	采坑边坡	危岩体	备注
灵山将军山矿区	石炭系上统黄龙组上段、下段灰岩	4 处采坑，16 处露天采坑边坡，边坡顶部高程为 35.88~41.64 米，底部高程为 29.63~33.72 米，相对高差 5~11 米，坡度 70~85 度，边坡长 101.36 米	32 处	碎块石直径大多 1~10 厘米不等，多呈棱角状，另有 5 处排土场、23 处废渣堆
政山采石厂	二叠系下统栖露组，中厚层微晶灰岩	5 处采坑，边坡长 330~350 米，边坡高差约 10~120 米，整体坡度在 73 度左右	5 处	东侧设有多处废石堆料场，废渣堆整体坡度 20~40 度，平均厚度 1~3 米，占地约 3000 平方米，体积约 6000 立方米，主要为碎石组成
军山矿区	—	5~25 米采坑多处，高陡边坡 10~40 米，最高边坡可达 45 米，坡度 60~80 度，局部形成陆崖	52 处	10792 公顷山体岩石裸露，271 公顷不规则地表坑体
家新采石厂	—	3 处采坑	4 处	—
楼寨 – 鄂闽矿区	片麻岩节理裂隙发育	9 处采坑，采坑边坡一般在 25 米左右，坡度 35~80 度，坡高 15~108 米	21 处	4.49 公顷山体岩石裸露，碎石块径最大可达 1.5~2.2 米

将军山危岩体基本特征 表 2-4

编号	坡体特征			波体描述（岩性：P1q 厚层灰岩）	节理情况	破坏形式
	坡高（米）	坡长（米）	坡度（度）			
W1	25	26.6	72	边坡岩体为中 – 厚层中风化～微风化灰岩，坡面因采石形成临空面，形成不稳定块体，风化岩为浅灰 – 灰白色，局部风化染色；坡顶为碎石土层，厚度小于 0.5 米；边坡坡趾为杂填土，厚度不等；反向坡	2 组，1 条 / 米	坡面岩体中夹强风化软弱夹层，又因采石形成临空面，坡体在雨水重力作用下易形成局部滑塌、剥落
W2	37	44.1	73	边坡岩体为中 – 厚层中风化～微风化灰岩，坡面因采石形成临空面，形成不稳定块体，风化岩为浅灰 – 灰白色，局部风化染色；坡顶为碎石土层，厚度小于 0.5 米；边坡坡趾为塘水，根据地形图，水深约 15 米	3 组，1 条 / 米	坡面岩体中因采石形成临空面，坡体在雨水及重力作用下易形成局部滑塌、剥落

将军山弃渣场基本情况　　　　　表2-5

渣堆编号	主要成分	平均厚度（米）	面积（平方米）	体积（立方米）
Z01	块石	1.5	1200	1600
Z02	碎石	1.2	347	1100
Z03	碎石	2.0	1900	3800
Z04	碎石、块石	2.5	150	180
Z05	碎石、块石	3.5	520	660
Z06	窑炉渣	4.2	240	300
Z07	碎石、黏性土	3.0	6000	4500

地质灾害隐患分析结果　　　　　表2-6

序号	矿区		地质灾害隐患评估结果（专家评分）
1	军山矿区		0.87
2	家新采石厂		0.38
3	灵山将军山矿区		0.52
4	政山采石厂		0.44
5	乌龙泉矿区		0.78
6	楼寨－鄂闽矿区	闽鄂石料厂	0.44
7		锋立采石厂	0.46
8		鄂闽朋达采石厂	0.46
9		楼寨采石厂	0.51
10		晏冲采石厂	0.51

图2-2　灵山将军山矿区隐患边坡

2.2.2 生态要素问题

武汉市废弃矿山主要位于市域南部和北部山系，是武汉市林业资源最为集中的区域。矿山露天采矿剥离表土、产生的废弃土石以及尾矿占用大量土地，直接侵占了林草的生态要素所需空间，破坏了原生态林地。同时，大量的尾矿、废石土、矿渣等一定程度上降低了矿区水质、植被、土壤的质量，对原有生态环境造成了破坏。

（1）水质

水质是环境评价中的必需部分，地表水、地下水以及饮用水的质量直接关系到当地居民的身体健康。在矿山开采过程中，由于防渗层的渗漏及收液系统的不完善，导致矿区周边土壤中污染物不断累积，在长期雨水淋滤作用下，土壤中的污染物会对周边环境和人身健康造成难以逆转的负面影响（陈仁祥 等，2021）。

根据《地表水环境质量标准》GB 3838-2002（表2-7）对地表水质量的划分，以及功能区要求，地表水环境质量评价以 IV 类水质标准进行计算。

地表水环境质量标准　　　　　　　　　　　　　　表 2-7

水质级别	水质标准（P）
I 类	$1 \leqslant P < 2$
II 类	$2 \leqslant P < 3$
III 类	$3 \leqslant P < 4$
IV 类	$4 \leqslant P < 5$
V 类	$5 \leqslant P < 6$
劣 V 类，但不黑臭	$7 \leqslant P < 7$
劣 V 类，且黑臭	$P > 7$

合理对研究区地表水水质优劣和污染程度进行评价，可有针对性地选择以下指标作为评价因子参与评价，评价标准见表2-8。

地表水环境质量标准基本项目标准限值（单位：毫克/升）　　　表 2-8

序号	标准值项目　　　　分类	I 类	II 类	III 类	IV 类	V 类
1	水温（摄氏度）	人为环境水温变化应限制在：周平均最大温升≤1；周平均最大温降≤2				
2	pH 值（无量纲）	6～9				

续表

序号	标准值项目　　　　分类	I 类	II 类	III 类	IV 类	V 类
3	溶解氧≥	饱和率90%（或7.5）	6	5	3	2
4	高锰酸盐指数≤	2	4	6	10	15
5	化学需氧量（COD）≤	15	15	20	30	40
6	日生化需氧量（BOD_5）≤	3	3	4	5	10
7	氨氮（NH_3-N）≤	0.15	0.5	1.0	1.5	2.0
8	总磷（以P计）≤	0.02（湖、库0.01）	0.1（湖、库0.025）	0.2（湖、库0.05）	0.3（湖、库0.1）	0.4（湖、库0.2）
9	总氮（湖水、水库水，以N计）≤	0.2	0.5	1.0	1.5	2.0
10	铜≤	0.01	1.0	1.0	1.0	1.0
11	锌≤	0.05	1.0	1.0	2.0	2.0
12	氟化物（以F^-计）≤	1.0	1.0	1.0	1.5	1.5
13	硒≤	0.01	0.01	0.01	0.02	0.02
14	砷≤	0.05	0.05	0.05	0.1	0.1
15	汞≤	0.00005	0.00005	0.0001	0.001	0.001
16	镉≤	0.001	0.005	0.005	0.005	0.01
17	铬（六价）≤	0.01	0.05	0.05	0.05	0.1
18	铅≤	0.01	0.01	0.05	0.05	0.1
19	氰化物≤	0.005	0.05	0.02	0.5	0.2
20	挥发酚≤	0.002	0.002	0.005	0.2	1.0
21	石油类≤	0.05	0.05	0.05	0.5	1.0
22	阴离子表面活性剂≤	0.2	0.2	0.2	0.3	0.3
23	硫化物≤	0.05	0.1	0.2	0.5	1.0
24	粪大肠菌（个/升）≤	200	2000	10000	20000	40000
……	……	……	……	……	……	……

综合水质指标构建水质综合评估体系（表2-9），不仅能直观评估水环境特征，而且是水资源开发利用的基础，对识别水环境问题具有重要意义。各矿区水质综合评估结果见表2-10。

水质综合评估体系表　　　　　　　　　　　　　　表 2-9

综合指标	指标层
水质综合指标	水温（摄氏度）
	pH 值（无量纲）
	溶解氧
	高锰酸盐指数
	化学需氧量（COD）
	日生化需氧量（BOD$_5$）
	氨氮（NH$_3$-N）
	总磷（以 P 计）
	总氮（湖、库，以 N 计）
	铜
	锌
	氟化物（以 F$^-$ 计）
	硒
	砷
	汞
	镉
	铬（六价）
	铅
	氰化物
	挥发酚
	石油类
	阴离子表面活性剂
	硫化物
	粪大肠菌（个/升）
	……

水质综合评估结果　　　　　　　　　　　　　　表 2-10

序号	矿区	水质综合评估结果（专家评分）
1	军山矿区	0.32
2	家新采石厂	0.46
3	灵山将军山矿区	0.25
4	政山采石厂	0.16

续表

序号	矿区		水质综合评估结果（专家评分）
5	乌龙泉矿区		0.28
6	楼寨－鄂闽矿区	闽鄂石料厂	0.33
7		锋立采石厂	0.21
8		鄂闽朋达采石厂	0.22
9		楼寨采石厂	0.35
10		晏冲采石厂	0.28

（2）植被

植被覆盖度指植被（包括叶、茎、枝）在地面的垂直投影面积占统计区总面积的百分比，可应用到水源保护、森林质量评估以及森林景观建设中。植被覆盖度等级评定可分为五类（表2-11）。各矿区植被覆盖分析结果见表2-12。

植被覆盖度分级表 表2-11

等级	裸地	低覆盖	中低覆盖	中覆盖	高覆盖
植被覆盖度	< 0.10	0.10~0.30	0.30~0.45	0.45~0.60	> 0.60

植被覆盖分析结果 表2-12

序号	矿区		植被覆盖度评估结果
1	军山矿区		0.57
2	家新采石厂		0.67
3	灵山将军山矿区		0.42
4	政山采石厂		0.50
5	乌龙泉矿区		0.30
6	楼寨－鄂闽矿区	闽鄂石料厂	0.66
7		锋立采石厂	0.65
8		鄂闽朋达采石厂	0.64
9		楼寨采石厂	0.63
10		晏冲采石厂	0.63

（3）土壤

土壤质量评价指标一般包括土壤物理、化学和生物性质三个方面的指标。大量研究表明通过因子分析的数理统计方法能够客观准确地解释土壤属性的变异性，参考《土壤环境质量 农用地土壤污染风险管控标准（试行）》GB 15618-2018系统分析土壤理化生指标，可以为矿区退化土壤的恢复治理提供科学依据（表2-13）。各矿区土壤质量分析结果见表2-14。

准则层	指标层		
物理指标	土壤机械组成		黏粒
			砂粒
			……
	微团聚体		
	含水率		
	容重		
	孔隙度		
	表土层厚度		
	……		
化学指标	土壤有机质		
	碳氮比		
	全氮		
	碱解氮		
	全磷		
	速效磷		
	全钾		
	速效钾		
	阳离子交换量（CEC）		
	pH 值		
	电导率		
	……		
生物指标	土壤酶活性		脲酶
			磷酸酶
			过氧化氢酶
			转化酶
			蛋白酶
			……
	土壤微生物		细菌
			固氮菌
			放线菌
			真菌
			……
	土壤微生物量		微生物量碳
			微生物量氮
			微生物量磷
			……
	土壤呼吸量		
	土壤动物		
	……		

土壤质量分析结果 表2-14

序号	矿区		土壤质量评估结果（专家评分）
1	军山矿区		0.13
2	家新采石厂		0.18
3	灵山将军山矿区		0.22
4	政山采石厂		0.17
5	乌龙泉矿区		0.29
6	楼寨－鄂闽矿区	闽鄂石料厂	0.14
7		锋立采石厂	0.23
8		鄂闽朋达采石厂	0.32
9		楼寨采石厂	0.12
10		晏冲采石厂	0.24

2.2.3 生态功能问题

废弃矿山共涉及武汉市水土保持重要区 4.88 平方公里，由于废弃矿山及其他原因造成的地表植被破坏，其地表裸露面积占比达到 49.87%，严重影响了区域水土保持功能的发挥。废弃矿山共涉及武汉市水源涵养重要区 6.8 平方公里，大大降低了山体对降水的截留、渗透及蓄积功能，对长江流域的水源涵养造成了不利影响。废弃矿山共涉及武汉市生物多样性维育重要区 4.34 平方公里，其存在切断了原有的生物迁徙通道，对野生动植物栖息地造成了直接破坏。

（1）土壤保持

土壤保持是指森林生态系统中的活地被物和凋落物层截留降水，降低水滴对表土的冲击和地表径流的侵蚀作用；同时林木根系固持土壤，防止土壤崩塌泄溜，减少土壤肥力损失以及改善土壤结构（蒋启德，2011）。

土壤保持和归一化植被指数（Normalized Difference Vegetation Index，NDVI）显著相关，根据NDVI[①]可将土壤保持能力划分为优(> 0.6)、良(0.2 ~ 0.6)、差(< 0.2)三个等级（表2-15）。其中，土壤保持条件优等级的生态条件较好；良等级的需要进行一定的人工干预，促进土壤保持功能的改善；差等级的应尽快通过人工措施实现植被覆盖，提升土壤保持能力。

---

① NDVI=（NIR-R）/（NIR+R）。式中，NIR 为近红外波段的反射率数值，R 为红光波段的反射率数值。

土壤保持分析结果　　　表2-15

序号	矿区		土壤保持评估结果
1	军山矿区		0.14
2	家新采石厂		0.35
3	灵山将军山矿区		0.23
4	政山采石厂		0.26
5	乌龙泉矿区		0.18
6	楼寨 – 鄂闽矿区	闽鄂石料厂	0.32
7		锋立采石厂	0.29
8		鄂闽朋达采石厂	0.29
9		楼寨采石厂	0.27
10		晏冲采石厂	0.25

（2）水源涵养

水源涵养是指在一定时空范围内,生态系统通过林冠层、枯落物层和土壤层、湖泊、水库水体等对降水进行截留、下渗以及贮存等过程,将水分充分保持在系统中的过程和能力,不仅能满足系统内部对水源的需求,并且可以向外部及中下游地区提供水资源（王云飞 等,2021）。

根据归一化水指数（Normalized Difference Water Index, NDWI）[①]可将水源涵养状况划分为优（ > 0.6）、良（0.2 ～ 0.6）、差（ < 0.2）三个等级（表2-16）。其中,优等级的水源涵养条件较好;良等级的可进行一定的植被恢复,促进水源涵养能力的提升;差等级的则需要尽快通过人工措施改善区域生态环境,提升水源涵养能力。

水源涵养分析结果　　　表2-16

序号	矿区	水源涵养评估结果
1	军山矿区	0.11
2	家新采石厂	0.24
3	灵山将军山矿区	0.19

---

① NDWI =（GREEN-NIR）/（GREEN+NIR）。式中:GREEN 为绿光波段的反射率数值; NIR 为近红外波段的反射率数值。

续表

序号	矿区		水源涵养评估结果
4	政山采石厂		0.21
5	乌龙泉矿区		0.14
6	楼寨－鄂闽矿区	闽鄂石料厂	0.23
7		锋立采石厂	0.22
8		鄂闽朋达采石厂	0.22
9		楼寨采石厂	0.22
10		晏冲采石厂	0.21

（3）生物多样性

生物多样性给人类造就了丰富的食物、药物资源，是人类赖以生存的基础；并且在保持水土、调节气候、维持自然平衡等方面起着不可替代的作用，支持着人类社会的可持续发展（李延梅 等，2009）。中华人民共和国环境保护部于2011年9月9日发布了《区域生物多样性评价标准》HJ 623-2011，根据生物多样性指数的大小可以将生物多样性状况分成高、中、一般和低四个等级（表2-17），并以此为依据对武汉矿区生物多样性进行分析（表2-18）。

生物多样性状况分级标准表 表2-17

生物多样性等级	生物多样性指数	生物多样性状况
高	BI ≥ 0.65	物种高度丰富，特有属、种繁多，生态系统丰富多样
中	0.40 ≤ BI < 0.65	物种较丰富，特有属、种较多，生态系统类型较多，局部地区生物多样性高度丰富
一般	0.30 ≤ BI < 0.40	物种较少，特有属、种不多，局部地区生物多样性较丰富，但生物多样性总体水平一般
低	BI < 0.30	物种贫乏，生态系统类型单一、脆弱，生物多样性极低

注：生物多样性指数（BI）＝归一化后的野生高等动物丰富度 ×0.2+ 归一化后的野生维管束植物丰富度 ×0.2+ 归一化后的生态系统类型多样性 ×0.20+ 归一化后的物种特有性 ×0.20+ 归一化后的受威胁物种的丰富度 ×0.10+（100- 归一化后的外来物种入侵度）×0.10。

生物多样性分析结果 表2-18

序号	矿区	生物多样性评估结果
1	军山矿区	0.23
2	家新采石厂	0.24
3	灵山将军山矿区	0.31

序号	矿区		生物多样性评估结果
4	政山采石厂		0.59
5	乌龙泉矿区		0.23
6	楼寨－鄂闽矿区	闽鄂石料厂	0.24
7		锋立采石厂	0.24
8		鄂闽朋达采石厂	0.24
9		楼寨采石厂	0.23
10		晏冲采石厂	0.23

2.2.4 绿色发展问题

废弃矿山邻近纸坊街、金口街、军山街、参山街、旧街等多处居民聚居区，多年开采过程中，剥离表土、采矿剥岩以及堆放废渣等行为，使得地表变得支离破碎，改变了原始地形地貌，并形成巨大的颜色反差，破坏了自然的地貌景观，产生负面视觉影响，形成了不容忽视的"城市伤疤"。同时，裸露的地表在刮风过程中已形成扬尘，严重影响了周边空气质量。为了应对这些问题，绿色发展作为一种新的经济发展模式应运而生，已成为世界性的潮流和趋势。在促进绿色经济发展中，应该重视交通通达性、周边产业聚集度、历史价值等方面的问题。

（1）交通通达性

交通通达性指标是指一个地方能够从另外一个地方到达的难易程度。矿区与其他邻接区域的通达性程度可以反映矿区社会经济发展的程度，同时反映了矿区与其他有关地区相接触进行社会经济和技术交流的机会及潜力。

（2）周边产业聚集度

周边产业聚集度是衡量产业区域聚集程度的指标，可以用来判断矿区特定产业集中度和专业化的情况，为矿区经济发展提供指导意见。

（3）历史价值

挖掘矿区历史价值对于传承近现代工业文明、推动文化产业发展具有一定意义。武汉市废弃矿山大部分是原国营采石厂多年开采矿石而形成的，记录了武汉市城市建设高速发展时期对矿产资源的巨大需求，遗留的部分矿工居民点和工厂遗迹见证了这段历史，也见证了武汉城市建设由粗放式发展到绿色发展的过程。

武汉废弃矿山绿色发展指标评价结果如下（表2-19）。

绿色发展指标评价结果 表2-19

序号	矿山名称		交通可达性通达指数		周边产业聚集度		历史价值	
			修复前	修复后	修复前	修复后	修复前	修复后
1	军山矿区		1.63	0.99	12%	28%	65	87
2	家新采石厂		1.74	1.12	23%	36%	58	86
3	灵山将军山矿区		1.56	0.92	19%	35%	67	91
4	政山采石厂		1.78	1.15	18%	32%	63	88
5	乌龙泉矿区		1.66	0.92	14%	38%	55	78
6	楼寨－鄂闽矿区	闽鄂石料厂	1.54	0.97	15%	33%	67	89
7		锋立采石厂	1.65	0.93	13%	35%	59	87
8		鄂闽朋达采石厂	1.77	1.02	26%	41%	62	86
9		楼寨采石厂	1.66	0.99	21%	33%	67	83
10		晏冲采石厂	1.78	1.08	19%	34%	54	88

2.3 废弃矿山生态问题分析及评估体系建立

2.3.1 原因分析

（1）历史原因：城市特定发展阶段的局限性

20世纪80、90年代，部分矿山企业重经济效益而忽视环境效益，走的是"先破坏、后治理"的路子。部分矿主法制观念淡薄，缺乏应有的环保意识，只重视开发，不重视治理，以牺牲环境为代价追求经济效益的最大化，极大恶化了矿山内的地质环境，不少已形成的矿山环境破坏问题难以找到责任人，历史欠账较多。

（2）技术原因：矿山开采和修复技术的滞后性

矿山开采所采用的技术相对落后，开采中对围岩的性质认识不足，重视不够。部分矿山采用一面坡平面直推式开采，形成有地质灾害安全隐患的高陡边坡；部分矿山采用"放大炮"等开采方式，造成了生态环境的严重破坏；部分矿山虽对环境采取了一些环境治理措施，但是没经过任何专业设计，达不到真正的治理效果；部分矿山所采取的治理措施纯粹是应付式对待，治理工作不到位。

（3）理念原因：未能充分认识生态修复的系统性

在早期废弃矿山生态修复工作中，未能充分认识生态系统之间的关联性。部分项目侧重于矿山地质安全隐患的消除，而忽视了整体生态功能的提升；部分项目侧重于废弃矿山场地的恢复，而忽视了修复后的利用方式。受修复理念限制，前期针对废弃矿山已采取的部分工程措施未能充分发挥生态效益。

（4）管理原因：受限于部门事权的管理割裂和缺位性

机构职能调整前，山水资源的保护修复与利用缺少牵头部门，规划、土地、园林、水务、环保、城建等部门"多龙治水、各自为政"，山水资源的相关管理更多被看作是专业部门的内部事务而非城市的公共事业，这不仅不利于调动社会力量来促进山水资源的保护修复与利用，更阻碍了山水资源公共性的充分发挥。

2.3.2 生态综合评估指标体系

（1）评价指标体系的建立

结合国内外的矿山生态评价指标体系，针对我国废弃矿山的地域特征、现有技术水平、数据的易获性等客观条件，在相关性较强的指标中选择具有主导作用、代表性和独立性的 11 项指标构建矿山生态综合评估指标体系，如图 2-3 所示。

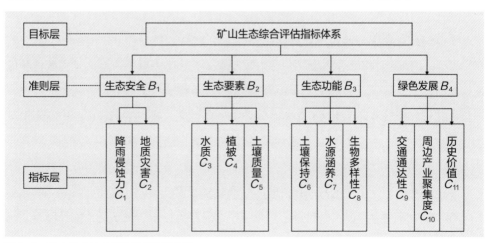

图 2-3　矿山生态综合评估指标体系分级

（2）各指标权重的确立

确定相对权重和一致性检验是层次分析法的重要环节。通过比较同一准则层各个指标因素之间的相对重要性，构造判断矩阵，其中相对重要性的大小按照托马斯·赛蒂的"1-9 标度法"（表 2-20）。为使最终权重更具科学性，本过程邀请废弃矿区再生研究专家、矿山管理人员二十余人填写 AHP 调查表，对废弃矿区再生价值权重进行判断。根据各专家和管理人员的判断结果，经过集体讨论确定权重，进而构建出所有层次的判断矩阵。

标度的意义　　　　　　　　　　　　　　　　　　　　　　　表 2-20

标度 a_{ij}	意义
1	B_i 与 B_j 的比较，对矿山生态影响相同
3	B_i 与 B_j 的比较，对矿山生态影响稍强
5	B_i 与 B_j 的比较，对矿山生态影响强
7	B_i 与 B_j 的比较，对矿山生态影响明显地强
9	B_i 与 B_j 的比较，对矿山生态影响绝对地强
2, 4, 6, 8	为上述两判断值的中间值
1, 1/2, 1/3, …, 1/9	B_i 与 B_j 的比较，对矿山生态影响程度与上述相反

平均随机一致性指标 RI　　　　　　　　　　　　　　　　　　表 2-21

矩阵阶数	1	2	3	4	5	6	7	8	9
RI	0	0	0.52	0.89	1.12	1.36	1.41	1.46	1.49

设矩阵为 **A**，如果 n 阶矩阵 **A** 具有完全一致性，则矩阵具有唯一非 0 的最大特征根，即 $\lambda_{max} = n$，其余特征根均为 0，但在实际情况中无法实现。一般来说，构建的矩阵具有相对一致性，就能满足需求，即通过计算一致性指标 $CI = \dfrac{\lambda_{max}-n}{n-1}$ 和根据表 2-21 所示的平均随机一致性指标，计算随机一致性比率 $CR=CI/RI$，当 CR < 0.1 时，可认为矩阵满足相对一致性。

根据上层次单排序的计算结果，确定最底层在总目标中的权重，计算方法为各指标判断矩阵的权重乘以其上一层次的权重，对其量化结果进行最终排序，得到其相对于总目标的重要性，结果见表 2-22。

矿山生态综合评估指标权重 表2-22

目标层	准则层	准则层权重	指标层	指标层权重	归一化权重
矿山生态综合评估指标体系	生态安全	0.160	降雨侵蚀力	0.667	0.107
			地质灾害	0.333	0.053
	生态要素	0.467	水质	0.484	0.226
			植被	0.168	0.078
			土壤质量	0.348	0.163
	生态功能	0.278	土壤保持	0.143	0.040
			水源涵养	0.286	0.080
			生物多样性	0.571	0.159
	绿色发展	0.095	交通通达性	0.625	0.059
			周边产业聚集度	0.238	0.023
			历史价值	0.136	0.013

（3）指标归一化

由于各指标性质不同，对矿区环境质量的作用也不同，借助 F_i 对矿区指标进行归一化，将各指标的得分转化为0~1的分布区间。

$$F_i = \frac{X_i - X_{min}}{X_{max} - X_{min}} \qquad (2-2)$$

式中，F_i 为指标的标准化值，X_i、X_{min}、X_{max} 分别对应图2-3指标层中各指标第 i 个矿的指标值、所有矿区中该指标的理论最小值和理论最大值。对10个矿区的11个指标进行归一化处理后，得到矿区生态综合评估指标归一化结果（表2-23）。正向（+）表示对矿区环境质量为正影响；负向（-）表示对矿区环境质量为负影响。

矿区生态综合评估指标归一化 表2-23

序号	矿山名称	生态安全		生态要素			生态功能			绿色发展		
		降雨侵蚀力C_1（-）	地质灾害C_2（-）	水质C_3（+）	植被C_4（+）	土壤质量C_5（+）	土壤保持C_6（+）	水源涵养C_7（+）	生物多样性C_8（+）	交通通达性通达指数C_9（+）	周边产业聚集度C_{10}（+）	历史价值C_{11}（+）
1	军山矿区	0.69	0.87	0.32	0.57	0.13	0.14	0.11	0.23	0.82	0.12	0.65
2	家新采石厂	0.16	0.38	0.46	0.67	0.18	0.35	0.24	0.24	0.87	0.23	0.58

续表

序号	矿山名称	生态安全		生态要素			生态功能			绿色发展		
		降雨侵蚀力 C_1（－）	地质灾害 C_2（－）	水质 C_3（+）	植被 C_4（+）	土壤质量 C_5（+）	土壤保持 C_6（+）	水源涵养 C_7（+）	生物多样性 C_8（+）	交通通达性通达指数 C_9（+）	周边产业聚集度 C_{10}（+）	历史价值 C_{11}（+）
3	灵山将军山矿区	0.39	0.52	0.25	0.42	0.22	0.23	0.19	0.31	0.78	0.19	0.67
4	政山采石厂	0.43	0.44	0.16	0.50	0.17	0.26	0.21	0.59	0.89	0.18	0.63
5	乌龙泉矿区	0.60	0.78	0.28	0.30	0.29	0.18	0.14	0.23	0.83	0.14	0.55
6	闽鄂石料厂	0.25	0.44	0.33	0.66	0.14	0.32	0.23	0.24	0.77	0.15	0.67
7	锋立采石厂	0.29	0.46	0.21	0.65	0.23	0.29	0.22	0.24	0.83	0.13	0.59
8	鄂闽朋达采石厂	0.28	0.46	0.22	0.64	0.32	0.29	0.22	0.24	0.89	0.26	0.62
9	楼寨采石厂	0.45	0.51	0.35	0.63	0.12	0.27	0.22	0.23	0.83	0.21	0.67
10	晏冲采石厂	0.46	0.51	0.28	0.63	0.24	0.25	0.21	0.23	0.89	0.19	0.54

（序号6-10矿山名称合并为"楼寨-鄂闽矿区"）

（4）废弃矿山生态综合评估

基于多因素对矿区生态综合评价指标以及各指标的权重，建立评价模型。

$$EQI=100\times \sum_{i=1}^{n} X_i\times W_i \qquad (2-3)$$

式中，EQI 为生态综合评价指数，取值介于 0 ~ 100，值越高则表明综合生态环境越好，反之表明综合生态环境越差；X_i 为对第 i 个指标归一化指标的及其正负向效应转换后的得分（表 2-23）；W_i 是第 i 个指标的归一化权重（表 2-22）；n=11，表示指标层有 11 个指标。根据式 2-3 计算得到各矿区的生态综合得分及排名见表 2-24。

武汉市废弃矿区生态综合评估　　　　表 2-24

矿山名称	生态综合得分	排名
军山矿区	22.670	10
家新采石厂	77.165	4
灵山将军山矿区	82.357（灵山一期得分为63.155）	2

矿山名称		生态综合得分	排名
政山采石厂		83.785	1
乌龙泉矿区		80.435	3
楼寨－鄂闽矿区	闽鄂石料厂	39.155	8
	锋立采石厂	39.550	6
	鄂闽朋达采石厂	39.765	5
	楼寨采石厂	38.620	9
	晏冲采石厂	39.455	7

3

—— 规划探索 ——

践行生态修复与区域协同发展

3.1 武汉市废弃矿山生态修复工作情况

3.2 废弃矿山生态修复工作面临的问题

3.3 废弃矿山生态修复案例与模式

3.4 武汉市废弃矿山生态修复模式分类

3.5 规划引领武汉市废弃矿山生态修复与利用

STUDY ON ECOLOGICAL RESTORATION
MODEL OF
ABANDONED MINES IN WUHAN

3.1 武汉市废弃矿山生态修复工作情况

近年来，武汉市利用中央补助资金和地方配套资金实施了武汉市矿山地质环境治理示范工程、长江干支流废弃露天矿山生态修复，利用"以奖代补"政策和社会资本实施了武汉市破损山体修复，利用社会资本实施了江夏区灵山工矿废弃地复垦利用试点项目（灵山一期）等。据统计，"十三五"期间完成矿山生态修复项目38个，投入资金7.45亿元，修复面积1.75万亩（1亩 ≈ 666.67平方米）。

3.1.1 武汉市矿山地质环境治理示范工程

（1）项目总体情况

武汉市矿山地质环境治理示范工程于2012年启动，对江夏区、蔡甸区、东湖高新区及武汉经济开发区等地共计11个矿区完成了生态修复治理，通过坡面整形、削方工程、挡土墙、矿坑回填、植被恢复及矿山废弃地整治等工程措施，解决矿山地质安全隐患、地形地貌破坏及土地资源损毁等地质环境问题。财政部、自然资源部分三批下达中央补助资金53215万元，武汉市地方投入配套资金31106.13万元。

（2）实施成效

一是武汉市矿山地质环境治理示范工程带来的社会效益、环境效益和经济效益十分显著。武汉市矿山地质环境治理示范工程项目的实施，共消除地质灾害隐患129处，恢复林地496.33公顷，恢复可利用地560.2公顷，起到了治理一片、造福一方的效果（图3-1～图3-3）。仅蔡甸区中原矿区就恢复可利用建设用地188公顷，引进8家企业，吸纳数百名村民就业，每年年产值超过5个亿，年综合收入突破2000万元。2019年，武汉市第七届世界军人运动会的射箭比赛场馆就建设在此，向全世界展现武汉市矿山地质环境治理示范工程的实施成效。项目实施成效见表3-1。

武汉市矿山地质环境治理示范工程实施成效统计表　　　　　表3-1

项目名称			中央财政支持资金（万元）	地方配套资金（万元）	恢复林地（公顷）	恢复可利用地（公顷）	恢复总面积（公顷）
一期	江夏区	十月矿区	7000	4853	32	35	66
	蔡甸区	永安中原矿区	3000	2086	187	188	375

项目名称		中央财政支持资金（万元）	地方配套资金（万元）	恢复林地（公顷）	恢复可利用地（公顷）	恢复总面积（公顷）
二期	江夏区 花山矿区、运德矿区	6000	1400	68	78	146
	蔡甸区 伏牛－丘林矿区、和平矿区	10000	13430	57	70	127
	东湖高新区 马驿山矿区	2000	1746	9	8	17
	顶冠峰矿区	2000	189	44	36	80
	武汉经济开发区 硃山矿区	1608	1852	29	39	68
三期	江夏区 长山、东风矿区	11607	500	43	77	120
	蔡甸区 三红矿区	10000	5051	28	30	58
合计		53215	31107	497	561	1057

图 3-1 江夏区花山矿区治理前后对比

图3-2 东湖高新区马驿山矿区治理前后对比

图3-3 蔡甸区中原矿区修复后情况

二是示范工程的实施不仅起到示范引领的作用，而且有效推动了武汉市山体保护及破损山体生态修复工作的全面开展。2013年武汉市颁布了《武汉市山体保护办法》，明确全市不再新增审批矿业权，并制定矿山关停计划，实施矿山生态修复。同时出台了《破损山体生态修复实施计划》，鼓励各区对破损山体开展生态修复，制定每修复1亩破损山体奖励1万元的"以奖代补"政策。截至2019年，全市累计修复完成75处破损山体，修复面积达868.09公顷，市政府投入的"以奖代补"资金达13020万元，见表3-2。

武汉市破损山体生态修复工作实施成效统计表　　表3-2

辖区	生态修复山体（座）	修复面积（公顷）	奖补地方资金（万元）	修复范围
东湖高新区	4	115.01	1725	二妃山 40.71 公顷、黄龙山 38.78 公顷、荷叶山 15.50 公顷、凤凰山 20.03 公顷
东湖风景区	2	14.35	215	鼓架山 10.78 公顷、长山 3.57 公顷
江夏区	20	252.41	3786	乌龟山 31.13 公顷、凤凰山 3.53 公顷、老鼠尾 53.45 公顷、大花山北 1.39 公顷、座山 2.11 公顷、八分山 19.46 公顷、鸽子山 29.91 公顷、臣子山 24.56 公顷、夜泊山 23.87 公顷、狮子山 8.65 公顷、长矛山 8.41 公顷、尖山 8.41 公顷、云井山 17.44 公顷、老虎山 5.61 公顷、锦绣山 0.85 公顷、谢家后山 0.92 公顷、摇橹湾后山 1.57 公顷、勤建后山 2.92 公顷、蛇山 2.33 公顷、棺材山 5.91 公顷
青山区	4	44.79	672	徐家山 12.88 公顷、张家山 17.69 公顷、凤凰山 0.68 公顷、白羊山 13.55 公顷
蔡甸区	11	179.93	2699	龙霓山 52.93 公顷、高子山 7.33 公顷、蒋家山 5.10 公顷、伏牛山 51.98 公顷、金钟山 11.37 公顷、土茧山 9.20 公顷、爹山 6.04 公顷、白虎山 8.09 公顷、纱帽山 14.85 公顷、足马山 9.96 公顷、榨古山 3.06 公顷
汉阳区	4	37.10	556	锅顶山 10.05 公顷、仙女山 7.71 公顷、米粮山 5.3 公顷、汤家山 14.03 公顷
武汉经济开发区	2	59.73	896	砵山 50.20 公顷、滩头山 9.53 公顷
黄陂区	16	71.01	1065	高家冲 3.23 公顷、猫子垄 2.31 公顷、十素延长山体 2.90 公顷、刘家山 6.77 公顷、锦里沟 4.53 公顷、云雾山 3.01 公顷、清凉寨 4.16 公顷、伏马山 11.76 公顷、柏叶山 0.55 公顷、细王湾后山 0.81 公顷、环湖路沿线山体 4.55 公顷、十素公路沿线山体 7.77 公顷、姚家湾后山 1.59 公顷、孙家楼山采石场 3.58 公顷、边山 1.51 公顷、喻家山 11.97 公顷
新洲区	10	81.77	1226	姚坳山 1.68 公顷、犀牛山 5.57 公顷、凉亭岗 4.02 公顷、旋网山 3.89 公顷、烟堤姥山 6.11 公顷、谢家冲山 2.39 公顷、行门口山 3.24 公顷、石骨山 14.30 公顷、红旅公路沿线山体 38.98 公顷、安宁山 1.59 公顷
东西湖	2	11.98	180	陡山 3.08 公顷、架子山 8.9 公顷
合　计	75	868.09	13020	—

三是武汉市矿山地质环境治理示范工程取得的经验十分宝贵。2015年7月，武汉市在全国地质环境管理暨矿山复绿行动现场会上作经验交流。《人民日报》、原《中国国土资源报》、《湖北日报》、《长江日报》、武汉电视台等媒体分别对部分矿区治理成效进行了宣传报道。国内、省内相关单位多次前往交流经验，极大提升了社会各界对矿山地质环境治理和破损山体修复的认同感。

（3）经验总结

顶层设计与年度方案相结合。在实施方案编制阶段，按照中央相关部门要求，精心组织编制《矿山地质环境治理示范工程实施大纲》，增强矿山地质环境治理和山体生态修复的系统性、科学性。在实施阶段，坚持年度方案必须遵循实施大纲的原则，凡需调整设计的必须经专家审查、上报备案，确保矿山地质环境治理和山体生态修复工作有序开展。

试点示范与全面推进相结合。一手抓示范工程，一手抓全面推进，通过试点来积累经验、创新模式、完善政策、打造亮点，为在全市铺开矿山地质环境治理和山体修复工作，发挥示范效应和带动作用，真正做到"治理一个点、带动一条线、提升整个面"。

山体修复与景观打造相结合。按照"一山一策"原则，将山体修复与城市建设、景观打造等紧密结合，通过对山体实施"显山透绿"政策，让市民更便捷地亲近山脉、走进自然、享受绿色福利。比如，东湖高新区结合山体修复工程，将黄龙山、马驿山打造成为城市生态休闲公园，将二妃山打造成为体育休闲公园，将凤凰山打造成为城市郊野生态公园；黄陂、蔡甸等区积极探索利用建筑垃圾回填矿坑，恢复地形地貌。

政府投入与社会资本相结合。一是高效利用国土资源部示范工程专项资金53215万元，很大程度缓解了武汉市矿山复绿工程的财政投入压力。二是各区财政根据年度工程资金需求，将项目资金纳入区财政年度预算。各区累计投入配套资金31106.13万元。三是制定每修复1亩破损山体奖励1万元的"以奖代补"政策。2013～2019年，市财政共安排"以奖代补"资金13020万元。四是鼓励支持社会民营资本参与山体修复，全市有300多亩破损山体修复工程为民营资本投入建设。

3.1.2 武汉市长江干支流废弃露天矿山生态修复

（1）项目总体情况

根据湖北省自然资源厅统一部署，武汉市组织开展了长江干支流两岸10公里范围内废弃露天矿山生态修复工作,涉及江夏区、蔡甸区的11个矿山,面积100.76公顷。按照分类施策、因地制宜的原则,统筹考虑区域特点和条件,结合破损山体修复、土地复垦、水土保持开展综合治理。项目总投资9185万元,其中中央补助资金899万元,省级补助资金161万元,地方投入资金8125万元。

(2) 实施成效

通过项目的实施,一是有效解决了矿区存在的高陡边坡、崩塌坠石等地质环境问题,整治露天采场12个,消除地质灾害隐患17处,治理边坡24处,恢复和改善矿区生态地质环境,减少由于地质环境破坏对周边的影响。二是已治理区域内的植被景观得到恢复,减少了治理区及其周边因地质环境问题带来的二次破坏和二次污染。三是通过治理工程,使原先裸露的山体视觉效果得到了很好的改善,治理后恢复林地66.46公顷、草地29.53公顷,起到了较好的护坡固土、涵养水分和调节气候的作用,大大提高了治理区生态环境的整体质量。四是通过治理,发现并保留了蔡甸龙家山矿区典型的地层剖面地质遗迹,结合矿区实际优化设计,注重保护与开发,将生态建设与文化旅游相结合,为矿区日后旅游开发打下了良好基础,同时有力地推动了江夏区创建国家生态文明示范区工作。

(3) 经验总结

强化组织领导,明确责任分工。市政府高度重视,将长江干支流废弃露天矿山生态修复纳入市政府年度重点工作清单,建立"市负总责,区抓落实"的工作机制。分管市领导在专题会议上作出重要部署,切实落实各区政府主体责任和自然资源部门组织实施责任,高站位,严要求,实措施,扎实开展武汉市废弃露天矿山生态修复工作;建立了"周汇报、月通报"制度,每周一期周工作进展专报分管副市长。

矿山分类施策,提高修复效率。江夏区政府结合本区废弃露天矿山特点,统筹实施区内长江干支流废弃露天矿山生态修复项目,将高翔采石厂纳入区园林和林业局破损山体修复工程,黑山采石厂纳入区水务局水土保持综合治理工程,分类施策、系统修复,各部门发挥职能优势形成合力,提高露天废弃矿山生态修复效率。

开创精细化管理,加快工程进度。蔡甸区自然资源和规划局为加强废弃矿山修复工作施工监管,在治理区安装4G监控摄像头,管理人员通过手机App,在线查看施工现场情况,实时掌握施工动态,及时处理现场问题,确保安全施工和工程进度。

3.1.3 江夏区灵山工矿废弃地复垦利用试点项目（灵山一期）

（1）项目总体情况

灵山矿区位于武汉市南部江夏区，是武汉市首例废弃矿山复垦利用试点，矿区治理总面积 92.31 公顷，其中一期工程治理面积 43.29 公顷，总投资 13580.56 万元，资金来源为社会资本投入。目前，灵山项目治理工程已全部完工：完成危岩清除、山体锚固、削坡整形、主动防护、格宾网围挡等工程，消除地质灾害隐患 32 处；完成土地平整、客土重构、路网分布、灌溉供排等工程，复垦农用地 698 亩；完成挂网喷播、乔灌移种等工程，恢复生态植被 640 亩（图 3-4）。

图 3-4　灵山一期矿山生态修复对比图

（2）修复成效

一是治愈"工业创伤"，重现绿水青山，增强生态产品供给能力。通过生态修复和综合治理，对灵山矿区内十余处关闭矿山遗留下的危岩、不稳定边坡等地质灾害全部进行治理，对矿渣、废料全部进行清理，重置优质客土，贯通道路水系，落实多植物种植覆盖，保障生态环境彻底改变，土质达到标准，水域环绕四周，把"灰天泥地"变成了"蓝天绿地"。灵山矿区目前环境优美、气候宜人，天然"绿肺"和"氧吧"已形成，多种野生鸟类入驻栖息，周边村民陆续返家创业。昔日千疮百孔的废弃矿山，重披熠熠焕彩的绿色盛妆。

二是推动绿色生态、矿山文化与产业结合，打通生态产品价值实现渠道。整合优化山、水、林、田、湖、草、花、洞、村湾、路等资源，建设山水田园综合体，打造乡村振兴践行地。依托灵山治理复垦区域为核心区，按"4A"级景区标准规划建设"一镇、两廊、两环、三苑"，即灵山生态小镇（矿居苑），灵港湿地长廊、乌勤五彩廊道，灵山生态环、灵山绿道环，灵山矿花苑、灵山矿水苑和工业文创苑，从而打造"生态农业 + 文化旅游 + 乡村振兴"示范区。

三是践行"两山"理念，实现生态、经济和社会等综合效益统一。通过改良土壤、恢复植被，涵养水源、保持水土，促进了矿区生态系统可持续良性发展。灵山矿区最终释放占补平衡农用地指标 2000 亩，预计增加土地增值收益 24451.88 万元。这对满足区域性的建设用地需求，缓解用地指标供需矛盾，加速经济社会发展极具意义。"绿色矿山 + 文化旅游"产品的推出和发展，将带动周边地区扩大就业，促进景区配套服务产业更加繁荣。待灵山生态文化旅游区全面建成后，预计年游客量稳定在 100 万人次，年经济收入总量超过 1 亿元，最终实现生态效益、经济效益和社会效益的有机统一。

3.2 废弃矿山生态修复工作面临的问题

废弃矿山生态修复相对于规划建设而言还是一个新领域，受多年思想认识及组织管理的影响，当前的生态修复工作还面临着不少困难及问题，主要在以下几个方面。

一是"重部门轻系统"的事权误区。长期以来，山、水、林、田、湖、矿等自然要素都由各专业部门分别负责管理，废弃矿山的生态修复治理工程因而呈现工作条块化、空间碎片化的特征。目前，虽然已明确由规划部门负责生态修复规划，但由于生态修复规划、建设、管理和实施层面的部门协调机制尚在建设中，同一区域内往往有园林、水务、环保、自然资源等部门基于自身事权所安排的多个项目，项目间却缺乏统筹协调，这不仅造成相关资金重复投入甚至还存在空间冲突，使得城市生态修复工程不能发挥最大效用，因而亟待建立生态修复的统筹协调和资金整合机制。

二是"重眼前轻未来"的视野误区。当前的矿山生态修复工作之所以缺乏统筹协调，关键还在于市级层面尚未形成系统规划、实施计划和重点项目库，实施项目往往来自于地质灾害治理、矿山修复、环保督查等专业部门的具体工作，各部门多为及时解决现实问题而开展工作，至于项目相关的长远性、系统性生态问题则欠缺考虑和安排解决，其结果自然就导致有的项目由于缺乏长期维护和管理机制，以至于其虽历久却难以治理，但项目所在区域"生态退化""再贫瘠化"的问题仍然存在。

三是"重项目轻区域"的认知误区。当前的矿山生态修复工程多单纯根据工程任务来源，重点针对水层破坏、山体破损等问题而展开，普遍存在着"头痛医头、脚痛医脚"的单一方法现象，而且项目多注重生态景观的视觉修复，重点以山林景观、郊野田园、湿地公园等景观性空间建设为主，并没有深入研究项目所在区域的地质地貌、土壤环境、气候条件等自然条件，更缺乏对生态修复工作区域功能的系统考虑和全要素规划设计，故使其对区域乃至城市的系统性、社会性作用及价值未能充分发挥和体现。

四是"重技术轻法规"的操作误区。目前，由于矿山生态修复工作多着眼于修复治理那些已被破坏的山体环境，而未将其上升到与生产、生活同等重要的政治高度来认识，故使得各方面的主要工作重在从规划编制、工程设计及实施等方面来思考矿山生态环境修复的技术方式、方法，而缺乏对区域生态环境破坏的责任追究、生态环境修复的职责考评和生态修复效应的利益分配等政策法规方面的实际操作思考，尚未能给生态修复的规划和实施管理奠定坚实的政策法规基础。

3.3 废弃矿山生态修复案例与模式

3.3.1 废弃矿山生态修复案例研究

（1）生态恢复类案例——河南小秦岭国家级自然保护区金矿

小秦岭是我国重要的金矿床密集区，也是全国第二大黄金生产基地。自20世纪

60 年代以来，持续的黄金开采为经济社会发展作出了巨大贡献，同时也给生态环境造成了较大破坏。保护区内矿坑分布数量众多，矿渣堆放量巨大，人类活动频繁，水源河流污染，部分区域生态环境破坏严重。矿山开采造成的生态环境破坏成为亟待解决的生态问题。

小秦岭保护区创造性地采取"梯田式""之字形"降坡治理渣坡，带营养钵栽植苗木，在石头窝、树坑底部铺设可降解无纺布，二次挖坑覆土等新技术新经验，在当地矿山环境生态修复中得到大面积应用推广，成功解决了小秦岭矿区复杂立地条件下的生态修复难题。

（2）复垦造田类案例——江西省寻乌县废弃矿山综合治理

由于过去的粗放式开采稀土，昔日的文峰乡石排村、上甲村柯树塘和涵水片区植被破坏、水土流失，生态环境破坏问题尤为突出。

2017 年，寻乌县吹响了生态全面修复治理的号角，投入了 9.55 亿元，先后实施了以石排村、柯树塘和涵水三个片区为核心的废弃矿山综合治理与生态修复工程（王国梁，2021）。通过矿山整治，水土流失强度由剧烈变为轻度；经过土壤改良，实现复绿 14000 多亩，覆盖率由 10.2% 提升至 95%，植物种类由原来的少数几种草本植物增加到现在的乔、灌、草植物百余种，"荒漠"成了"绿洲"。通过矿山修复，昔日废弃矿山重现山水自然之美。

（3）旅游开发类案例——南京汤山矿坑公园

汤山矿坑公园位于南京市江宁区汤山国家旅游度假区，汤山山体南麓。这里曾经是龙泉采石场，主要从事石灰岩的露天开采工作。2004 年，采石场正式停工，由于长年的人工破坏，形成了四处落差不等的矿坑宕口。

2017 年南京成为国家"城市双修"试点之后，汤山矿坑公园成为首个启动建设项目。汤山总体城市设计围绕"山、汤、城"三大特色要素，形成"四片八园"组团结构。然而，矿坑废弃的场景与度假区的整体氛围格格不入。为此，具体城市设计提出以生态修复活化的理念打造矿坑公园，期待能为市民和游客提供一处公共开放的、具有活力和新颖体验的休闲场所（雒建利 等，2021）。

（4）资源利用类案例——上海佘山深坑酒店

深坑酒店位于上海松江国家风景区佘山脚下的天马山深坑内，原本是采石场，经过数十年的采石，形成了巨大的深坑。据资料记载，深坑面积约为 36800 平方米，相当于 5 个足球场。崖壁陡峭，斜坡角度约 80 度；深 88 米，周长 1000 米，东西长 280 米，南北宽 220 米。

深坑酒店占地面积约为 10 万平方米，总建筑面积 6.1 万平方米，依附深坑崖壁而建，主体结构为两点支撑式钢框架斜撑体系，塔楼部分为带支撑钢框架结构体系，坑内主体塔楼通过桁架与坑顶支座大梁连接，实现坑内结构与坑上结构的连接。在城市更新过程中，深坑酒店对废弃场地后续开发利用提供了绿色科技建造的典范，为修复城市被破坏的生态环境也提供了成功的案例。

3.3.2 废弃矿山生态修复模式总结

通过对选取的四个废弃矿山修复项目的比较分析可知，四个修复项目虽然地质特点和矿产资源类型不同，但是大规模采矿所带来的环境破坏是有共同点的。矿山开发带来的普遍问题有生态系统的破坏（如水土流失、土地基质不稳定、水环境退化等）、潜在地质灾害隐患（如山体滑坡、泥石流、地表塌陷等）以及地表缺少植被覆盖造成的粉尘污染等（马跃，2021）。

针对各自的破坏状态，四个矿山修复项目给出了不同的修复方案，这些方案既存在共通之处，也有各自的差异特点。共通之处主要体现在对于相似的环境问题的解决方案上，如复垦土地、增加植被、引入微生物等，针对破坏要素的修复和补充是多数项目采取的必要措施。

由于不同废弃矿山项目可以利用的资源不同，不同项目发展产业的类型和程度有所差异。在采取工程措施和植被恢复措施的基础上，不同的项目通过引入不同的技术链和产业链，对矿山废弃地及废料进行再利用，从而发挥经济效益和社会效益。相对而言，后两个项目在产业植入方面做得比较成功。除了对被破坏的要素进行直接修复之外，后两个项目还通过整合多个产业，科学合理构建循环经济产业链，进而优化资源配置，提高资源利用率，从而使整个矿山系统的价值倍增（马跃，2021）。

在对已有研究进行总结的基础上，对四个案例进行整体评估，结合实际情况，四个案例可依次对应四种废弃矿山修复模式，即生态复原模式、复绿复垦模式、景观再造模式和综合利用模式。

生态复原模式是指对于局部受损、物种齐全、尚能正常运行的生态系统，主要采取切断污染源、禁止不当放牧和过度猎捕、封山育林、保证生态流量等消除胁迫因子的方式，加强保护措施，促进生态系统自然恢复并带来生态效益的模式（罗敏 等，2021）。此类废弃矿山，可以通过建立生态环境保护区，运用生态复绿和修复山体疮疤等方法，利用现行比较成熟的植被恢复手段，对破损山体进行修复，愈合采矿遗留的伤疤，逐步恢复生态环境（袁哲路，2013）。

复绿复垦模式是指对于多处受损、物种有所减少、勉强维持基本功能的生态系统，结合自然恢复，在消除胁迫因子的基础上，采取"改善物理环境、参照本地生态系统引入适宜物种、移除导致生态系统退化的物种"等中小强度的人工辅助的措施，引导和促进生态系统逐步恢复（罗敏 等，2021），并主要发展农业的模式。

景观再造模式是指对于大面积受损、地形地貌破坏严重、物种极度减少、无法维持正常运行的生态系统，围绕地貌重塑、生境重构、恢复植被和生物多样性重组等方面开展生态重建和景观再造（罗敏 等，2021），并发展旅游、康养、教育等需要景观塑造的产业的模式。主要特征是把一般生态空间内的矿山修复与产业结构调整结合起来，推进工矿废弃土地整治，盘活存量用地，创新活化利用土地政策，因地制宜地植入生态产业、环保产业和创新型产业，以生态财政逐步取代土地财政（张宇 等，2019）。

综合利用模式是指发挥区位产业优势，将矿区生态修复工程与乡村振兴、民生改善等统筹推进，以发展多环产业综合体，助推地方经济建设的模式。

3.4 武汉市废弃矿山生态修复模式分类

3.4.1 基于生态综合评估的废弃矿山生态修复模式分类研究

废弃矿山是由各种子系统耦合而形成的一个巨系统。这些子系统主要包括资源系统、经济系统和社会系统。有鉴于此，在废弃矿山的生态修复过程中，可以根据不同子系统的作用的不同状态提出针对性的生态修复模式。

在对已有研究进行总结的基础上，结合国内外相关生态修复案例，废弃矿山生态修复模式主要包括生态复原模式、复绿复垦模式、景观再造模式和综合利用模式。四类模式相互交织、复合共生。应依据主导作用状态和综合评价结果，因地制宜地选择合适的生态修复模式，其通常呈现为以某种模式为主，其他一种或几种模式为辅。

对废弃矿山进行整体评估，以打分的方式（满分为100分，最低分为0分）划定废弃矿山综合得分等级，分四个等级（表3-3）。以分值和等级为依托，结合废弃矿山实际情况，依次对应四大生态修复模式，即生态复原模式、复绿复垦模式、景观再造模式和综合利用模式。

资源综合得分与生态修复模式对应表 表 3-3

综合生态状况	综合得分范围	开发模式
差	0 ~ 40 分	景观再造型
中	40 ~ 65 分	复绿复垦型
良	65 ~ 80 分	生态复原型
优	80 ~ 100 分	综合利用型

3.4.2 武汉市废弃矿山生态修复模式分类

通过综合考虑植被覆盖度、植被生长状况等因素，军山矿区得分 22.670，为景观再造型。家新采石厂西北边靠近后官湖，并有三处具有旅游潜力的自然景观，根据矿区生态承载力评价体系，得出家新采石厂综合得分 77.165，为生态复原型。灵山一期矿坑多处受损、物种大量减少，主要以发展农业为主，综合得分为 63.155，为复绿复垦型；整个灵山将军山矿区以及周边的政山、乌龙泉矿区生态修复将在灵山一期工程竣工验收基础上充分发挥区位产业优势，与乡村振兴、民生改善等统筹推进，均为综合利用型。

闽鄂石料厂综合得分为 39.155，锋立采石厂综合得分为 39.550，鄂闽朋达采石厂综合得分为 39.765，楼寨碎石加工厂得分为 38.620，晏冲采石厂得分为 39.455，均为大面积受损，综合生态状况差，修复类型为景观再造型（表 3-4）。

武汉市废弃矿山生态修复模式分类 表 3-4

序号	矿山名称		综合得分	开发模式
1	军山矿区		22.670	景观再造型
2	家新采石厂		77.165	生态复原型
3	灵山将军山矿区		63.155（灵山一期） 82.357	复绿复垦型（灵山一期） 综合利用型
4	政山采石厂		83.785	综合利用型
5	乌龙泉矿区		80.435	综合利用型
6	楼寨 – 鄂闽矿区	闽鄂石料厂	39.155	景观再造型
7		锋立采石厂	39.550	景观再造型
8		鄂闽朋达采石厂	39.765	景观再造型
9		楼寨采石厂	38.620	景观再造型
10		晏冲采石厂	39.455	景观再造型

3.5.1 生态复原模式实践—— 家新采石厂

（1）家新采石厂：生态蝶变，共享生境

案例区位：武汉蔡甸区
案例面积：3.02公顷
案例特色：生态复原
关 键 词：混交林、栖息地、生物多样性（图3-5）

图3-5 家新采石厂现状

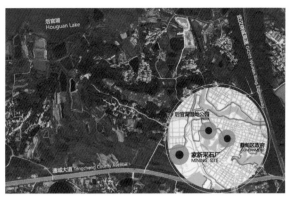

图 3-6 家新采石厂区位图

（2）生态问题分析

家新采石厂位于武汉市蔡甸区天鹅湖大道以北，武汉环城高速以西（图 3-6），矿业权证面积为 3.02 公顷。矿区紧邻多处村庄，交通便利。西北边靠近后官湖，并有三处具有旅游潜力的自然景观（虎头山、笔架山、藕节山）。

根据矿区生态承载力评价体系，综合考虑植被覆盖度、植被生长情况、土壤侵蚀特征和生物多样性等因素，得出家新采石厂以下生态评估结果（表 3-5，图 3-7）。

家新采石厂生态评估结果 表 3-5

矿山	植被覆盖度	归一化植被指数	土壤侵蚀模数	生物多样性指数	生态承载力
家新采石厂	0.67	0.35	0.16	0.24	0.44

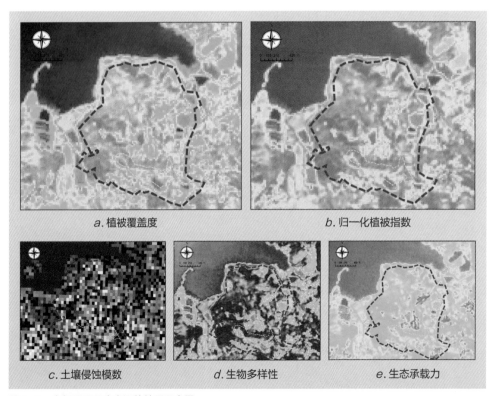

a. 植被覆盖度　　　　　　　　　　　　b. 归一化植被指数

c. 土壤侵蚀模数　　　　d. 生物多样性　　　　e. 生态承载力

图 3-7 家新采石厂生态评估结果示意图

（3）"鱼鸟虫蝶繁衍生息，人与动物和谐相处"的矿山完整生境

预留让自然做功的空间，落叶阔叶与常绿阔叶混交林重建。构建挺水植物群落，作为大量鸟类的觅食和栖息地，对鸟类的吸引也可以丰富区域的物种多样性。构建沉水植物群落，打造两栖动物、昆虫、软体动物、鱼类的美好家园（图3-8～图3-11）。

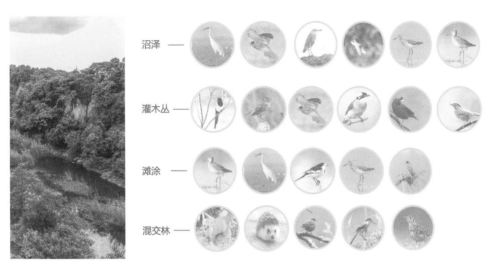

图3-8 四种生境模拟示意图

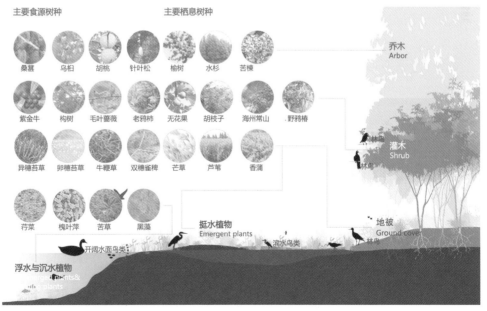

图3-9 复合生境界面示意图

大白鹭 *Ardea alba*

野菱 *Trapa incisa* var. Sieb.

菖蒲 *Acorus calamus* L

光唇蛇鮈 *Saurogobio gymnocheilus*

长吻鮠 *Leiocassis longirostris*

狗獾 *Meles meles*

野兔 *Lepus sinensis*

小麂 *Muntiacus reevesi*

黑水鸡 *Gallinula chloropus*

白头鹤 *Grus monacha*

图 3-10　家新采石厂生境模拟

图 3-11　家新采石厂修复后效果

3.5.2 复绿复垦模式实践—— 灵山一期

（1）灵山一期：废弃矿山的华丽变身

案例区位：武汉江夏区
案例面积：43.29 公顷
案例特色：复绿复垦
关 键 词：矿苑花谷、生态文化（图 3-12 ～图 3-17）

图 3-12　修复前现状

图 3-13　修复后效果

图 3-14 复垦后（大豆田）效果

图 3-15 复垦后（油菜田）效果

图 3-16 复绿后（波斯菊）效果

图 3-17 灵山一期修复后实景

（2）灵山一期矿山生态修复特征

· **实现耕地总量动态平衡，增强农民合理用地、保护耕地的意识**

通过工矿废弃地复垦可增加耕地资源总量，增加土地植被覆盖率，改善了项目区生态、生产、生活环境，有利于江夏区耕地总量动态平衡。同时，复垦后，良好的示范效应使广大农民切实体会到土地复垦的益处，利于广大农民对土地管理工作的理解和支持，调动项目区群众土地开发利用积极性与从事农业生产的积极性，便于合理利用与保护耕地，促进后续土地复垦工作的展开。

· **改善项目区人居条件，协调人地关系**

工矿废弃地复垦能有效增加农业用地面积，缓解人多地少、土地废弃与闲置的矛盾，从而为社会持续发展提供保障。通过对田、水、路、林、渠等进行综合治理，实现"田成方、林成网、路相通、渠相连"的优美田园景观，改善项目区农村生产生活条件，美化农村居住环境，实现利民、惠民目标。

· **推进农业现代化和资源的优化配置**

通过土地平整，田块规模增大，形状趋于规则，为江夏农村规模化、集约化、机械化生产以及农户发展多种经营提供一个良好的平台，便于现代化农业技术的推广使用。有利于拉动江夏农村市场，促进农村劳动、技术、资金、土地资源整合和优化配置。

2021年3月至10月（期间未正式开园），已吸引游客约20万人次，凤凰新闻、人民政协网、武汉市文化和旅游局官网等主流媒体纷纷进行相关报道，已成为年轻人打卡潮流地。

3.5.3 景观再造模式实践—— · 楼寨 – 鄂闽矿区 · 军山矿区

3.5.3.1 楼寨 – 鄂闽矿区："点石成金"的场景价值

（1）案例基本情况

案例区位：武汉新洲区

案例面积：3140 公顷（矿区面积 73.27 公顷）

案例特色：景观再造

关 键 词：地灾研学、花朝节气、革命老区、白茶产业、矿石聚落（图 3-18）

图 3-18 楼寨 – 晏冲矿坑现状

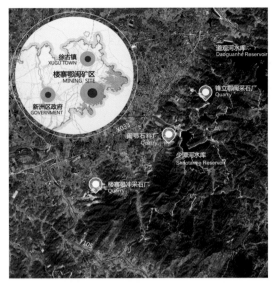

图 3-19 楼寨 – 鄂闽矿区区位图

（2）生态问题分析

矿区位于武汉市新洲区与罗田县交界处，是武汉北部魅力山区东大门（图 3-19）。修复范围为已损毁的矿山及周边生态区，总面积约 73.27 公顷。以五处待修复矿区（楼寨、晏冲、闽鄂、锋立、鄂闽朋达）为核心，研究范围向外扩展为 31.4 平方公里。

	楼寨 – 鄂闽矿区生态评估结果				表 3-6
矿区	植被覆盖度	归一化植被指数	土壤侵蚀模数	生物多样性指数	生态承载力
楼寨 – 鄂闽矿区	0.64	0.28	0.34	0.24	0.37

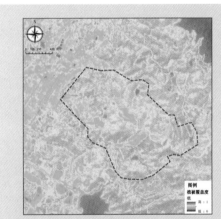

a. 锋立、鄂闽朋达采石厂植被覆盖度

b. 锋立、鄂闽朋达采石厂归一化植被指数

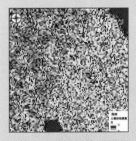

c. 锋立、鄂闽朋达采石厂
土壤侵蚀模数

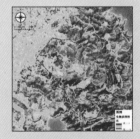

d. 锋立、鄂闽朋达采石厂
生物多样性

e. 锋立、鄂闽朋达采石厂
生态承载力

图 3-20 楼寨 – 鄂闽矿区锋立、鄂闽朋达采石厂生态评估结果示意图

现状主要有五大方面特征：①地形起伏大，场地整理难。用地属于构造剥蚀丘陵地形地貌，东南高，北部低。用地内最高绝对高程382.8米，最低绝对高程31.7米，最大相对高差为351.1米。②裸露山体多，生态环境破坏严重。破损山体植被较少，裸露山体、石头、沙土较多，挖损区植被生态破坏，景观功能丧失。③高陡边坡多，存在地质安全隐患。山体区采掘导致土石松散堆积体裸露，不稳定危岩体（平均坡角大于45度）在挖损区分布较多，存在崩塌、滑坡等安全隐患。④内部道路无串联，通达性较差。矿坑分布较散，无连通道路，村与村之间道路等级较低。⑤村湾相依存，生活环境差。受矿山开采活动影响，附近村湾空气、土壤、房屋质量较差，乡村人居风貌急需提升（表3-6，图3-20、图3-21）。

图3-21 锋立、鄂闽朋达矿坑裸露山体

（3）楼寨 - 鄂闽矿区生态修复特征

· 激活场域精神场景，促进传统文化再生

通过"花神传说""岩洞探险""矿山滑索""百花市集"等景观再造，打造大凹聚落公园，营造城市重大事件的仪式空间，传承旧街的花朝文化，将十里花街的终点延伸至此，结合花神、花树、花灯的景观表现，打造赏红踏青、花朝祈福的春光好去处（图3-22、图3-23）。

· 激活乐游归属场景，重塑老区活力中心

通过"沉睡的狮子""石头剧场"等景观再造，打造少潭河水库旁围合的休憩空间、活力空间。少潭河水库与狮子岩村围合的天坑，生态资源较好，设置多个自然景观节点和一个石头剧场，打造巨大的石头雕塑，集中展示矿山生态修复成果，开展各项艺术活动，寓教于游（图3-24）。

· 激活多元产业场景，催生未来绿色引擎

通过"会说话的石头""矿石表情""大地之殇"等景观再造，打造"片岩之境""地缝之园"两大主题园。片岩之境依托精致农业，结合矿石的景观再造，打造综合生产体验、生态采摘、休闲娱乐、知识科普等于一体的精致农业观光区。地缝之园依托现状的坍塌落石、破坏的地质水层，深度挖掘矿区地质科学内涵，融合当地乡土文化，打造以周边茶山梯田为风貌、地灾科普为核心的矿采地质文化村，涵盖科普研学、文化体验、白茶采摘等活动（图3-25、图3-26）。

图 3-22　花神传说节点规划效果图

图 3-23　楼寨、晏冲矿
坑生态修复规划效果图

图 3-24　鄂闽朋达矿
坑生态修复规划效果图

图 3-25　锋立矿坑
生态修复规划效果图

图 3-26　闽鄂矿坑生态修复规划效果图

3.5.3.2 军山矿区：国土空间优化下的矿山修复新探索

（1）案例基本情况

案例区位：武汉蔡甸区

案例面积：306公顷（矿区面积126.6公顷）

案例特色：景观再造

关 键 词：土地整治、农业体验、战略产业、郊野公园（图3-27）

图 3-27 军山矿区现状

图 3-28　军山矿区区位图

（2）生态问题分析

　　蔡甸区侏儒街军山矿区包含有侏儒街顺通采石场、蔡甸区侏儒街军山联合矿区和侏儒街中湾矿区。矿区总面积为 126.6 公顷，采矿占用土地面积 74.16 公顷（图 3-28）。

| | | | | 军山矿区生态评估结果 | 表 3-7 |

矿区	植被覆盖度	归一化植被指数	土壤侵蚀模数	生物多样性	生态承载力
军山矿区	0.57	0.14	0.68	0.23	0.32

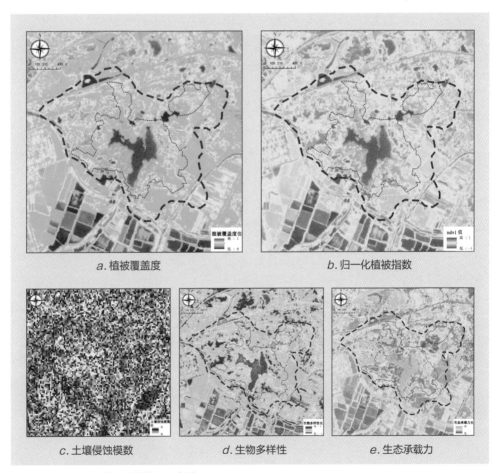

a. 植被覆盖度　　　　　　　　　　　　*b.* 归一化植被指数

c. 土壤侵蚀模数　　　　　*d.* 生物多样性　　　　　*e.* 生态承载力

图 3-29　军山矿区生态评估结果示意图

基地沿蟹湖大道东高西低，矿区内部外高内低，包含 4 组山体和 1 处矿坑。矿坑周边边坡角度在 70 ~ 90 度，最大高差达 68 米，存在崩塌、滑坡等地质安全隐患。矿坑底部形成破损的凹坑，部分低洼地带形成水塘。下沉矿坑最低 -1 米，周边矿山最高 67 米，边坡角度在 70 ~ 90 度，部分边坡为反坡。

矿区内部山体缺少植物覆盖，生态环境破坏严重。废弃采坑因开挖形成一个个陡坎，陡坎顶部植被较少，裸露山体、石头、沙土较多，容易造成滑坡，存在安全隐患。

军山矿区内共有 5 个村湾，围绕矿区居中分布。受矿山开采活动影响，附近村庄空气、土壤、房屋质量、出行便利度较差，乡村人居风貌待提升（表 3-7，图 3-29）。

（3）军山矿区生态修复特征

· **生态修复与土地整治叠加，国土空间优化新示范**

结合地形，盘活低效采矿用地 99.6 公顷。蟹湖大道两侧村庄近期保留，远期结合镇区统一规划。生态资源提质增量，着力开展农田生态基础设施建设、农田生物多样性恢复等工程，增加优质水体 8.2 公顷，增加森林植被 5.5 公顷，增加农田 4.9 公顷。

· **矿山修复与宜居宜游结合，特色郊野公园新探索**

遵循自然地貌多保留、采矿遗址多利用的原则，在生态、景观、地质价值最优区域形成集矿山科普体验、运动休闲功能于一体的郊野公园，凸显地质主题、矿山主题特色。

· **矿山利用与绿色开发整合，城乡产业协同新标杆**

充分结合地形，按照上位规划确定的开发边界规模，优化产业园开发边界范围，布局产业建设用地 76.3 公顷。近期结合蔡甸区现代都市农业产业发展，引进农产品精深加工、仓储物流、信息平台、有机农业技术研发、展示推广等产业。远期引入通航等战略新兴产业项目（图 3-30）。

图 3-30　军山矿区生态修复规划效果图

3.5.4.1 灵山将军山矿区：矿苑花谷 · 矿世奇缘

（1）案例基本情况

案例区位：武汉江夏区
案例面积：600.6 公顷（矿区面积 128.51 公顷）
村湾人口：约 1654 人
案例特色：综合利用
关 键 词：湿地长廊、一湾一业、文创体验（图 3-31）

图 3-31 灵山二期现状

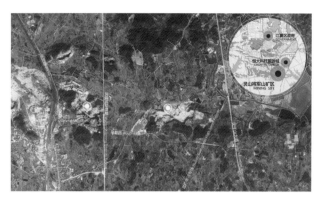

图 3-32　灵山将军山矿区区位图

（2）生态问题分析

灵山将军山位于江夏区，东起天子山大道，西至纸贺路，南起乌勤路，北至灵港渠（图 3-32），规划用地面积约 600 公顷。2006 年以前，片区农林连片、村落散布，开采面积微小。2006～2011 年，山体挖损严重，形成两大石山挖损连绵区域。作为几十年粗放式露天开采遗留的矿区，其生态环境遭到严重破坏，裸露山坡与露天采坑满目疮痍，采矿弃渣与危岩体随处可见，地表生态植被毁损殆尽。如何让"废弃"的工矿地变为绿色发展的生态价值实现高地进而实现乡村振兴，是生态修复的关键问题（表 3-8，图 3-33）。

灵山将军山矿区生态评估结果　　　　　　　　　　　　　　表 3-8

矿区	植被覆盖度	归一化植被指数	土壤侵蚀模数	生物多样性指数	生态承载力
灵山将军山矿区	0.42	0.23	0.38	0.31	0.32

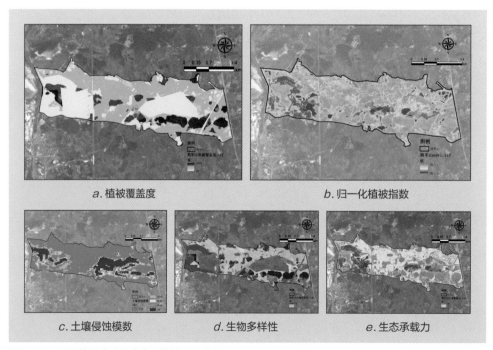

a. 植被覆盖度　　　　　　　　　　　　　　b. 归一化植被指数

c. 土壤侵蚀模数　　　　　d. 生物多样性　　　　　e. 生态承载力

图 3-33　灵山将军山矿区生态评估结果示意图

（3）系统修复，构建区域生态安全格局

灵山将军山矿区的修复强化东西向连"山体"、通"湖泊"、融"田园"的系统生态框架。

连"山体"——基地与猴子山、罗汉山、大洪山、鸽子山等形成连续的山体，修复后将联通江夏区东西向山脉，构建武汉南部生态景观绿盾。

通"湖泊"——基地位于青菱湖－鲁湖生态绿楔、汤逊湖－梁子湖生态绿楔之间，修复后灵山将军山依托湿地长廊、高山密林，强化东西向联系，缝合两大生态绿楔，构建一体的生态网络骨架。

融"田园"——复绿复垦后将恢复大量农田与林地，同时促进农业生产和农村生活协同发展，加强区域基本农田和一般农田的保护，增进美丽乡村与美好人居的融合（图3-34、图3-35）。

图 3-34 从武广客运线角度看灵山生态修复效果图

图 3-35 灵山二期规划效果图

（4）绿色赋能，实现生态产品综合价值

发挥区位交通及周边田园休闲产业优势，将矿区生态修复工程与乡村振兴、民生改善等统筹推进，打造矿业遗迹展示与生态旅游结合、矿山文化与青山秀水美丽乡村旅游结合的综合利用示范区（图3-36、图3-37）。

图 3-36　灵山将军山矿区入口广场规划效果图

图 3-37　武咸城铁规划效果图

3.5.4.2 政山采石厂：从科学实验到矿泉产业，矿山绿色发展新路径

（1）案例基本情况

案例区位：武汉江夏区
案例面积：489.23 公顷（矿区面积 28.53 公顷）
案例特色：综合利用
关 键 词：田园社区、矿泉产业、科学实验、农林休闲（图3-38）

图3-38 政山采石厂现状

图 3-39 政山采石厂区位图

（2）生态问题分析

政山采石厂位于江夏区鲁湖东北角，东至京港澳高速公路，南至杨家湾、金星村、周家湾村路，西至鲁湖渠道侧，北至李家咀、路边吴、洞山村村路（图 3-39）。综合考虑山体的完整性以及现状周边土地利用情况，整体修复面积为 489.23 公顷。矿区属于构造剥蚀丘陵地形地貌类型，自然山体总体走势近东西向，坡角一般 10 ~ 45 度。西部山体高程较大，约 45 ~ 121 米，修复区域内最大高差 67.7 米。由于前期采矿，地质层被破坏，存在一定数量的高陡边坡和裸露层。山体区采掘区和回填区大量松散堆积体裸露，场地内裸露区域堆土在强降雨及水体入渗的情况下极易产生水土流失，造成局部冲蚀或滑坡（表 3-9，图 3-40）。

政山采石厂生态评估结果 表 3-9

矿区	植被覆盖度	归一化植被指数	土壤侵蚀模数	生物多样性指数	生态承载力
政山采石厂	0.50	0.26	0.43	0.59	0.62

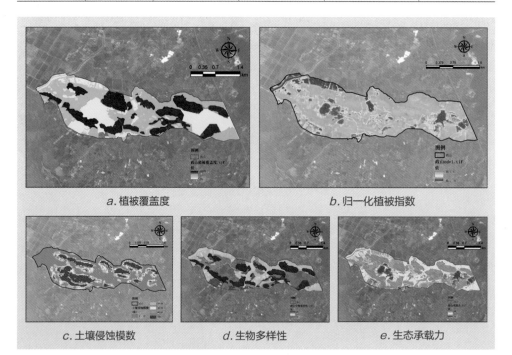

a. 植被覆盖度　　　　　b. 归一化植被指数

c. 土壤侵蚀模数　　　d. 生物多样性　　　e. 生态承载力

图 3-40 政山采石厂生态评估结果示意图

图 3-41 矿泉浴
场节点规划效果图

图 3-42 五彩矿
池节点规划效果图

图 3-43 政山矿坑
生态修复规划效果图

（3）政山采石厂生态修复特征

· 水色田园，信息传递中枢站

依托女台山山体的上位规划，复垦农田；与高校合作，建立国家重点科学实验室。功能定位为"梦里水乡、矿泉酒店"。重点项目包含矿泉酒店、矿物质花园、矿泉稻乡、矿泉鱼塘等。

· 甘泉工坊，创新产业激发器

依托山体、水田、农田基底，在生态环境治理基础上，做足矿泉农业和矿泉工业文章，为乡村振兴提供生态产业化思路。功能定位为"村湾小镇、矿泉文化、生态旅游"。重点项目包含矿泉村湾、矿泉工坊、矿泉浴场、五彩矿池等。

· 生态休闲，交流体验引力场

依托杨喷泉水库、政山矿坑进行生态修复与环境治理，注重生态产业，强化生态体验。功能定位为"绿色康养、沉浸体验"。重点项目包含森林水疗、石滩秘境等（图3-41～图3-44）。

图3-44 女台山矿坑生态修复规划效果图

3.5.4.3 乌龙泉矿区：矿业遗址的先锋实验场

（1）案例基本情况

　　案例区位：武汉江夏区

　　案例面积：1333.7 公顷（矿区面积 12.9 公顷）

　　案例特色：综合利用

　　关 键 词：武钢矿业遗址、疗愈康养、陵园文化、工人新村（图 3-45）

图 3-45　乌龙泉矿区现状

图 3-46　乌龙泉矿区区位图

（2）生态问题分析

基地位于江夏区政山采石厂与将军山采石厂之间（图3-46），矿业权证面积为537.83公顷，设计研究范围为1333.7公顷。乌龙泉山体损毁严重、山体景观功能丧失，地质灾害风险较大。水体退化，以零散坑塘为主，鱼塘情况较好，挖损区矿坑积水，景观不佳。森林主要分布在西侧和南侧，以乔木林地为主，耕地以旱地、水田和水浇地为主，分布相对分散（表3-10，图3-47）。

17个村湾呈零散分布，建筑质量较差，风貌杂乱，设施欠缺，景观不佳。东南角集中规划为武钢生活区，布局规整，井然有序。道路以村路为主，等级不高，通达性差。场地内有一家工矿企业，噪声、粉尘巨大，文化元素单一（图3-48）。

乌龙泉矿区生态评估结果　　　　　　　　　　　　　　　表3-10

矿区	植被覆盖度	归一化植被指数	土壤侵蚀模数	生物多样性指数	生态承载力
乌龙泉矿区	0.30	0.18	0.59	0.23	0.35

a. 植被覆盖度

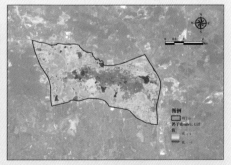

b. 归一化植被指数

c. 土壤侵蚀模数

d. 生物多样性

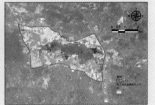

e. 生态承载力

图 3-47　乌龙泉矿区生态评估结果示意图

图 3-48 武钢矿业存续现状

（3）乌龙泉矿区生态修复特征

· **武钢矿业遗址公园，矿区"社交"范本**

依托农田基底，在生态环境治理基础上，打造武钢产业历史纪念地和特色矿业遗存体验场所，同时注重时序弹性、功能弹性，发展新兴战略机遇和城市重大事件，结合矿石加工环保产业做足农业、工业的生态化文章，为乡村振兴提供生态产业化思路。功能定位为"高空运动、矿业研学、矿村配套"，重点项目包含巨幅地质故事寻踪、钢铁熔炉灰石主题博物馆、石头村落、灰石城堡、石雕盆景、水泥诞生记、空中极限运动等。

· **天坑绿谷，设计驱动矿山蜕变**

依托乌龙泉灰石厂的矿坑水体与崖壁，建设矿苑水秀等组合项目；注重健康产业，强化花谷康养。引入文化元素，借助声、光、电现代技术手段，营造特色夜游氛围。功能定位为"生态矿苑、特色夜游"，重点项目包含"矿世乌龙"水幕情景秀、矿谷观星课堂、悬崖秋千等。

· **生命关怀，构筑大健康产业集群**

依托乌龙泉山体陵园和殡仪馆的上位规划，复垦农田、山林，突出陵园文化和生态修复，精准匹配遗体捐献产业链、祭祀产业、三大节日（清明节、中元节、重阳节）相关产业，营造静谧、追思的景观空间。功能定位为陵园文化、祭祀文化、孝文化的传承发扬，重点项目包含殡仪馆、告别之陵、天堂之园、彼岸之花、缅怀之庭等（图 3-49 ~ 图 3-52）。

图 3-49　乌龙泉矿区缅
　　怀之庭节点规划效果图

图 3-50　乌龙泉矿区南
　　瓜农场节点规划效果图

图 3-51　乌龙泉矿区
　　生态修复规划效果图

图 3-52　乌龙泉矿区彼岸之花节点规划效果图

4

—— 价值实现 ——

武汉市废弃矿山生态修复效益评价与未来展望

4.1　武汉市废弃矿山生态修复综合效益评价

4.2　"双碳"目标下的矿山生态修复

4.3　探索修复后矿山生态价值的实现路径

STUDY ON ECOLOGICAL RESTORATION
MODEL OF
ABANDONED MINES IN WUHAN

4.1 武汉市废弃矿山生态修复综合效益评价

4.1.1 废弃矿山恢复生态系统服务价值评价理论

（1）生态系统服务理论

生态系统（Ecosystem）是生物与环境在一定空间范围内以相互影响、相互制约的关系存在，并长期保持相对稳定、平衡状态的统一整体（马克明 等，2004）。生态系统服务（Ecological Services）是指生态系统与生态过程所形成及所维持的人类赖以生存的自然效用（谢高地 等，2001）。生态系统服务价值（Ecosystem Services Value, ESV）的计算是对功能的量化表达，功能的大小决定价值量的高低，受服务和功能多样化的影响，价值也具有多角度性。对服务价值的科学量化，是帮助我们提高保护意识、合理利用价值、有效延续价值的重要步骤。矿山生态系统作为一类特殊的复杂生态系统，不仅拥有其可能存在的森林、草地、湿地等单一生态系统的功能，另外由于矿业活动的开展又对生态系统功能作用存在扰动，故其生态系统服务价值还具有复杂性（杨璐，2021）。

（2）生态系统服务价值评价方法

谢高地等在生态系统服务功能分类的基础上，构建了一个基于专家知识的生态系统服务价值化方法，并在样点、区域和全国尺度生态系统服务功能价值评估中得到了广泛的应用。

首先，谢高地等根据中国民众和决策者对生态服务的理解状况，将生态系统服务划分为食物生产、原材料生产、美学景观、气体调节、气候调节、水源涵养、保持土壤、废物处理、生物多样性维持共九项（谢高地 等，2008）（表4-1）。

生态系统服务类型划分 表4-1

一级类型	二级类型	生态系统服务的定义
供给服务	食物生产	将太阳能转化为能食用的植物和动物产品
	原材料生产	将太阳能转化为生物能，给人类作建筑物或其他用途
调节服务	气体调节	生态系统维持大气化学组分平衡，吸收二氧化硫、氟化物和氮氧化物
	气候调节	对区域气候的调节作用，如增加降水、降低气温

一级类型	二级类型	生态系统服务的定义
调节服务	水源涵养	生态系统的淡水过滤、持留和存储功能以及供给淡水
	废物处理	植被和生物在多余养分和化合物去除和分解中的作用，滞留灰尘
支持服务	保持土壤	有机质积累及植被根物质和生物在土壤保持中的作用，养分循环和累积
	生物多样性维持	野生动植物基因来源和进化、野生植物和动物栖息地
文化服务	提供美学景观	具有（潜在）娱乐用途、文化和艺术价值的景观

然后，就森林、草地、农田、湿地、水体和荒漠六类生态系统的九类生态系统服务价值相对于农田食物生产价值的相对重要性（当量因子），进行生态系统单位面积生态服务价值当量调查，即设定农田食物生产的生态服务价值当量为1，那么相对于农田生产粮食每年获得的福利，生态系统提供的其他生态服务价值（效用）的大小（谢高地 等，2003）。1个生态服务价值当量因子的经济价值量根据Costanza的研究，为54美元/公顷。由于生态系统服务价值不能基于可观察到的或间接的市场行为确定，可采用意愿调查价值评估法，通过问卷调查和基于调查对象的回答来确定（谢高地 等，2008）。

基于专家知识的生态系统服务评估体系可以用于已知土地利用面积的生态系统服务价值估算，能在较短时间内获得较为精确的结果。

4.1.2 武汉市废弃矿山生态系统服务价值提升潜力

对武汉市废弃矿山生态系统服务价值提升潜力进行评估，结果见表5-2。修复之后，生态系统服务理论提升潜力最大的矿山为乌龙泉矿区，每公顷提升约3137.16元；潜力最小的矿区为楼寨采石厂，每公顷提升约1859.06元（表4-2）。

武汉市废弃矿山生态系统服务价值（元/公顷）提升潜力　　表4-2

序号	矿山名称	供给服务	调节服务	支持服务	文化服务	总价值
1	军山矿区	132.90	1422.68	543.06	109.00	2207.63
2	家新采石厂	132.90	1422.68	543.06	109.00	2207.63
3	灵山将军山矿区	146.89	1572.43	600.23	120.47	2440.01

续表

序号	矿山名称		供给服务	调节服务	支持服务	文化服务	总价值
4	政山采石厂		125.90	1347.80	514.48	103.26	2091.44
5	乌龙泉矿区		188.85	2021.70	771.72	154.89	3137.16
6	楼寨－鄂闽矿区	闽鄂石料厂	125.90	1347.80	514.48	103.26	2091.44
7		锋立采石厂	125.90	1347.80	514.48	103.26	2091.44
8		鄂闽朋达采石厂	118.91	1272.92	485.90	97.52	1975.25
9		楼寨采石厂	111.91	1198.04	457.32	91.79	1859.06
10		晏冲采石厂	118.91	1272.92	485.90	97.52	1975.25

（1）供给服务价值

理论潜力最大的矿山为乌龙泉矿区，每公顷提升约 188.85 元；潜力最小的矿区为楼寨采石厂，每公顷提升约 111.91 元。

（2）调节服务价值

理论潜力最大的矿山为乌龙泉矿区，每公顷提升约 2021.70 元；潜力最小的矿区为楼寨采石厂，每公顷提升约 1198.04 元。

（3）支持服务价值

理论潜力最大的矿山为乌龙泉矿区，每公顷提升约 771.72 元；潜力最小的矿区为楼寨采石厂，每公顷提升约 457.32 元。

（4）文化服务价值

理论潜力最大的矿山为乌龙泉矿区，每公顷提升约 154.89 元；潜力最小的矿区为楼寨采石厂，每公顷提升约 91.79 元。

4.2 "双碳"目标下的矿山生态修复

4.2.1 废弃矿山生态修复对"双碳"目标的贡献

废弃矿山生态修复本质上是一种基于自然条件与人工引导措施来促进退化生态系统恢复的过程，但生态修复目标的多元性、立地条件的异质性和修复手段的差异性会导致不同的结果。"双碳"目标已被纳入五位一体总体布局，是加快生态文明建设和实现高质量发展的重要抓手。

废弃矿山生态修复过程中碳达峰、碳中和是十分重要的组成部分，不仅可以体现低碳转型理念，还能在生态修复过程中探索低碳土地利用与开发模式。将低碳绿色生产生活、低碳节能产业用地转型等理念与方法融入矿山修复中，能极大改善当地生态环境，推进绿色生产，提升节能减排和固碳增汇能力（田占良，2022）。

（1）合理选择修复方式，实现减量排放

矿山生态系统是一种受人类活动强干扰的特殊生态系统，它具有一定的自然恢复能力，如受采矿扰动而损伤的土壤、地裂缝、植被等生态环境要素能够在一定的时间内实现自我恢复。如果忽视生态系统本身的自然恢复能力，一味地采取高强度的人工措施搞生态工程，不仅造成高成本投入与高碳排放，生态系统往往也不具备自维持和正向演替能力，所产生的生态效益也很可能短暂低效，甚至产生逆向演替。因此，需要选择恰当的方式与手段开展矿山生态修复，以自然恢复为主，辅以适度人工干预，能够大幅减少工程投入、减少过程碳排放（卞正富 等，2022）。

（2）优化土地利用格局，固碳增汇

在矿山生态修复过程中，优化土地利用方式，可为"双碳"目标贡献矿山生态修复的固碳增汇能力。矿产资源开采导致原土地利用结构破坏，引起耕地、林地、草地损毁，建设用地增加，进而导致土壤碳库和植被碳库的损失。在修复工程实施过程中，由于工料、能源的消耗以及施工扰动，可能造成二次碳库损失。尽管与能源替代和减量排放相比，固碳增汇对"双碳"目标的贡献有限，但也不能否定它的积极意义。特别是在未来能源低排放情景下，要想实现"双碳"目标，仍需抵消一些无法捕集或直接去除的二氧化碳，这时生态碳汇就是实现"净零排放"的重要手段。而优化土地利用格局除了具有固碳增汇作用外，其本身还具有减排效果。

4.2.2 武汉市废弃矿山固碳潜力评估

随着武汉市废弃矿山生态修复工作的开展，评估武汉市各废弃矿山生态修复后的固碳潜力，可为该地区继续推动生态修复工程的开展、提高碳储量和固碳能力、发挥生态防护功能提供科学依据（表4-3）。

固碳潜力评估结果 表4-3

序号	矿区	固碳潜力（克碳/平方米）
1	军山矿区	95.00
2	家新采石厂	95.00
3	灵山将军山矿区	105.00
4	政山采石厂	90.00
5	乌龙泉矿区	135.00
6	楼寨－鄂闽矿区	90.00
7		90.00
8		85.00
9		80.00
10		85.00

4.3 探索修复后矿山生态价值的实现路径

优质生态产品是最普惠的民生福祉，是维系人类生存发展的必需品。生态产品价值实现的过程，就是将生态产品所蕴含的内在价值转化为经济效益、社会效益和生态效益的过程。建立健全生态产品价值实现机制，既是贯彻落实习近平生态文明思想、践行"绿水青山就是金山银山"理念的重要举措，也是坚持生态优先、推动绿色发展、建设生态文明的必然要求。

4.3.1 创新生态价值核算机制

（1）建立生态价值核算标准

对标全国首例核算指南，建立武汉市生态系统生产总值（GEP）核算标准，将废弃矿山生态价值核算体系纳入该标准（图4-1）。

1. 确定核算地域范围　2. 明确生态系统分布　3. 编制生态产品清单　4. 开展功能量评估　5. 确定生态产品价格　6. 开展价值量核算

图4-1　生态价值核算标准

（2）建立政府购买生态产品制度

在GEP精准核算基础上，创新建立政府购买生态产品制度，培育发展"生态型公司"作为公共生态产品的供给主体和市场化交易主体。

（3）深化产业用地市场化配置和跨区交易改革

健全长期租赁、先租后让、弹性年期供应、作价出资（入股）等工业用地市场供应体系。在符合国土空间规划和用途管制要求前提下，调整完善产业用地政策，创新使用方式，推动不同产业用地类型合理转换，探索增加混合产业用地供给。搭建跨区域市场化交易平台，积极谋划打造华中地区生态产品交易中心，探索完善碳排放权、用能权等生态权益交易制度。

（4）建立废弃矿山生态修复前后自然资源价值评估体系

《生态文明体制改革总体方案》已经提出自然价值和自然资本的理念，但目前我国尚未建立其价值评估的指标体系，尤其是对受损自然生态系统修复前后的价值差进行评价，急需科学计算生态修复与利用产生的经济、生态效益。

4.3.2 激活社会资本投资运营机制

（1）优化规划管控和用途管制

根据矿山生态修复方案及其工程设计需要，项目范围内涉及零散永久基本农田、其他农用地、建设用地需要空间置换和布局优化的，纳入生态保护修复方案一并依法审批。永久基本农田布局调整原则上不得超过项目区内永久基本农田总量的10%。耕地、园地、林地、其他农用地布局调整原则上不限制调整比例，但是涉及耕地调整的，在市辖区范围内落实进出平衡。允许在生态保护红线一般控制区进行不破坏生态功能、适度的参观旅游及相关必要设施项目建设。

（2）优化腾退建设用地指标激励管理途径

一方面，为充分发挥腾退建设用地指标激励政策，解决指标入库交易难等问题，建议在国家层面专项设立矿山生态修复土地复垦及新增建设用地计划指标与奖励指标，结合废弃矿山生态修复的具体项目类型，综合应用增减挂钩、工矿废弃地等在指标使用与奖励方面的相关政策；在指标入库难的地区，由省级自然资源主管部门牵头，会同相关职能部门成立工作专班，打通政策实施渠道，统筹矿山生态修复、城乡建设用地增减挂钩及公开废弃地复垦利用管理，探索建立统一的指标储备与交易平台（周妍 等，2020）。另一方面，针对指标利用政策，建议从废弃矿山生态修复的实际情况出发，将国家已发相关文件中的"历史遗留矿山废弃建设用地修复为耕地，腾退的建设用地指标可在省域范围内流转使用"，调整扩大为"历史遗留矿山废弃建设用地修复为农用地，腾退的建设用地指标可在省域范围内流转使用"（余眼 等，2020）。

（3）拓宽自然资源资产使用权

对集中连片开展生态修复达到一定规模和预期目标，经依法批准并按市场价补缴土地出让价款后，矿山生态修复主体可将依法取得的国有建设用地修复后用于工业、商业等经营性用途；项目区内规划为建设用地的宗地，可以按法定程序办理建设用地手续；可另行利用不超过修复面积3%的土地面积，通过点状用地方式从事工业、旅游、康养、体育、设施农业等产业开发。

（4）统一省市指标认定标准

统一省、市级别验收坐标系标准和新增耕地指标认定标准。根据生态保护修复方案及其工程设计，社会资本通过实施生态保护修复项目产生的耕地占补、增减挂钩等指标，按照社会资本的投资和回报相挂钩原则，可以赋予社会投资者一定比例的专属指标，专属指标在省域内可自用或者优先纳入公共资源交易平台交易。

（5）加强土石料利用管控

完善矿山生态修复相关法律法规，为市场化推进矿山生态修复提供法律保障。针对土石料等资源利用的市场需求，应制定并发布"土石料利用方案和矿山生态修复方案编制技术标准"，规范废弃矿山土石料的利用。由区（县）级自然资源主管部门会同生态环境等相关部门在做好生态环境影响评价、安全生产评估等的基础上，编制废弃矿山土石料利用方案，科学计算土石料可开采和利用的总体规模，预测用于修复项目自身的土石料工程量及结余可销售部分，并纳入同级政府交易平台进行管理，方案经区（县）级自然资源、生态环境等相关职能部门联合审查同意后再实施，在实施过程中建立有效的资源处置、监管及施工三者分立、各司其职的管理模式（刘向敏 等，2021）。

对矿山生态修复项目施工中产生的土石料，可以无偿用于本工程，确有剩余的，可对外进行销售，由市辖区人民政府纳入公共资源交易平台，实行收支两条线，属于社会投资主体的合理收益，在签订修复协议时予以明确。

（6）生态产业化经营

综合利用国土空间规划、建设用地供应、产业用地政策、绿色标识等政策工具，发挥生态优势和资源优势，推进生态产业化和产业生态化，以可持续的方式经营开发生态产品，将生态产品的价值附着于农产品、工业品、服务产品的价值中，并转化为可以直接市场交易的商品，这是市场化的价值实现路径。

清洁能源在碳中和以及能源结构调整中起着重要作用，应充分发挥太阳能、生物能、地热能等清洁能源与废弃矿山的综合开发利用效益。例如，在废弃矿山上建设光伏发电项目，形成与旅游、特色产业相结合的农光互补、林光互补、渔光互补。稀有金属矿山能提供制造太阳能电池板、日光反射装置等所需的特殊材料，如锂、砷、镓等。在农村可大力推广生物质能源，缓解农村的用电、用气（沼气）问题，助力乡村振兴，加快建设农村清洁能源供给体系，缓解能源产物二次污染及降低碳排放。地热能方面同样具有非常大的资源潜力及商业价值，武汉已加快黄陂区、蔡甸区以及江夏区地热资源勘察、开发力度。

4.3.3 健全财税与金融多元保障机制

（1）发挥政府投入的带动作用

探索通过 PPP 等模式开展生态保护修复，生态修复主体按规定享受环境保护、节能节水等相应税收优惠政策；社会资本投资建设的公益林纳入公益林区划的，可同等享受相关政府补助政策。

（2）加快发展债券市场

稳步扩大债券市场规模，丰富债券市场品种，推进债券市场互联互通。统一公司信用类债券信息披露标准，完善债券违约处置机制。探索对公司信用类债券实行发行注册管理制。加强债券市场评级机构统一准入管理，规范信用评级行业发展。允许具备条件的企业发行绿色资产证券化产品，盘活资源资产；推动绿色基金、绿色债券、绿色信贷、绿色保险等加大对生态保护修复的投资力度；支持企业发行绿色债券，用于矿山生态修复工程；支持技术领先、综合服务能力强的骨干企业上市融资，鼓励和引导上市公司现金分红。

（3）增加有效金融服务供给

健全多层次资本市场体系，构建多层次、广覆盖、有差异、大中小合理分工的银行机构体系，优化金融资源配置，放宽金融服务业市场准入，推动信用信息深度开发利用，增加服务小微企业和民营企业的金融服务供给。建立县域银行业金融机构服务"三农"的激励约束机制，推进绿色金融创新，完善金融机构市场化法治化退出机制。

（4）发挥专项政策工具引导作用

支持金融机构向矿山生态修复企业（项目）发放低利率、中长期的信用贷款，鼓励支持银行贷款年利率给予优惠至 5% 及以下。

（5）强化矿山生态修复项目融资担保增信支持

鼓励政府性融资担保机构与金融机构加强业务合作，围绕矿山生态修复项目创设"见贷即担""见担即贷"等银担合作产品，充分参考绿色项目入库资格、绿色企业（项目）评价情况，降低项目担保费率和反担保要求，为更多中小微和民营企业提供增信服务。财政会同地方金融监管等部门推动各地建立并落实政府性融资担保机构资本金补充、代偿补偿、保费补贴、业务奖补等 "四补" 机制，引导扩大矿山生态修复项目担保业务。鼓励财政、发改部门支持矿山生态修复的专项债申报，允许从土地收益、农业收益、旅游收益等多方面对项目经济收益进行合理评估并给予支持。

（6）拓展旅游开发奖补渠道

地方政府可在一定期限内通过投资补助、运营补贴、资本金注入等方式支持矿山生态修复项目的前期运营。

参考文献

AKIKE S, SAMANTA S, 2016. Land Use/Land Cover and Forest Canopy Density Monitoring of Wafi-Golpu Project Area, Papua New Guinea[J]. Journal of Geoscience and Environment Protection, 4, 1-14. DOI: 10.4236/gep.2016.48001.

卞正富, 于昊辰, 韩晓彤, 2022. 碳中和目标背景下矿山生态修复的路径选择 [J]. 煤炭学报, 47（1）: 449-459.

曹宇, 王嘉怡, 李国煜, 2019. 国土空间生态修复: 概念思辨与理论认知 [J]. 中国土地科学, 33（7）: 1-10.

常新, 张杨, 宋家宁, 2018. 从自然资源部的组建看国土空间规划新时代 [J]. 中国土地（5）: 25-27.

陈美球, 洪土林, 2020. 国土空间生态修复内涵剖析 [J]. 中国土地（6）: 23-25.

陈仁祥, 高杨, 宋勇, 等, 2021. 龙南足洞稀土矿区地下水水质特征及健康风险评价 [J]. 有色金属（矿山部分）, 73（3）: 111-118.

傅伯杰, 2021. 国土空间生态修复亟待把握的几个要点 [J]. 中国科学院院刊（1）: 64-69.

高世昌, 2018. 国土空间生态修复的理论与方法 [J]. 中国土地（10）: 40-43.

黄春波, 2019. 基于生态系统服务的三峡库区森林景观调控研究 [D]. 武汉: 华中农业大学.

蒋德启, 2011. 中国林业企业社会责任报告研究 [D]. 北京: 北京林业大学.

李崇贵, 蔡体久, 2006. 森林郁闭度对蓄积量估测的影响规律 [J]. 东北林业大学学报（1）: 15-17.

李延梅, 牛栋, 张志强, 等, 2009. 国际生物多样性研究科学计划与热点述评 [J]. 生态学报, 29（4）: 2115-2123.

刘奇志, 朱志彬, 2021. 重视生态修复 合理开展规划——武汉的探索与实践: 治理·规划 II [M]. 北京: 中国建筑工业出版社.

刘向敏, 余振国, 杜越天, 2021. 矿山生态修复市场化方式实践进展与深化路径研究 [J]. 中国煤炭, 47（12）: 71.

雒建利, 马宁, 丁孟雄, 2021. 从实施性规划到规划的实施——汤山矿坑公园规划设计思考 [J]. 建筑技艺, 27（4）: 18-22.

罗敏, 闫玉茹, 2021. 基于生态保护与修复理念的海洋空间规划的思考 [J]. 城乡规划（4）: 11-20.

马克明, 傅伯杰, 黎晓亚, 等, 2004. 区域生态安全格局: 概念与理论基础 [J]. 生态学报（4）: 761-768.

马跃, 2021. 废弃矿山资源化生态修复模式构建与效益评价 [D]. 大连: 大连理工大学.

田占良, 2022. 碳中和视角下露天废弃矿山生态修复技术优化 [J]. 能源与环保, 44（2）: 29-34.

涂勇, 1998. 全民动手绿化武汉为把我市建成山水园林城市而奋斗 [J]. 学习与实践（4）: 11-13.

王国梁, 2021. 寻乌县柯树塘等地废弃矿山生态治理示范点 [J]. 中国井冈山干部学院学报, 14（5）: 2.

王云飞, 叶爱中, 乔飞, 等, 2021. 水源涵养内涵及估算方法综述 [J]. 南水北调与水利科技（中英文）, 19（6）: 1041-1071.

魏东岩, 2003. 矿山地质灾害分析 [J]. 化工矿产地质（2）: 89-93.

谢高地, 鲁春霞, 成升魁, 2001. 全球生态系统服务价值评估研究进展 [J]. 资源科学（6）: 5-9.

谢高地，鲁春霞，冷允法，等，2003.青藏高原生态资产的价值评估 [J]. 自然资源学报（2）：189-196.

谢高地，张彩霞，张雷明，等，2015.基于单位面积价值当量因子的生态系统服务价值化方法改进 [J]. 自然资源学报，30（8）：1243-1254.

谢高地，甄霖，鲁春霞，等，2008.一个基于专家知识的生态系统服务价值化方法 [J]. 自然资源学报（5）：911-919.

杨璐，2021.福建紫金山矿山公园生态系统服务价值评价研究 [D]. 福州：福建师范大学.

余眼，刘瑛，2020.浅析矿山生态修复中的建设用地指标交易激励 [J]. 中国土地（5）：35-36.

袁哲路，2013.矿山废弃地的景观重塑与生态恢复 [D]. 南京：南京林业大学.

张平，2018.矿山地质灾害类型及防治研究 [J]. 世界有色金属（6）：178，180.

张宇，王圣殿，王依，等，2019.对加快推进我国矿山生态修复的思考 [J]. 中国环境管理，11（5）：42-46.

周妍，周旭，杨崇曜，2020.市场化方式推进矿山生态修复须关注的问题 [J]. 中国土地（3）：42-45.

自然资源部，2020.社会资本参与国土空间生态修复案例 [Z].

自然资源部，2020.生态产品价值实现典型案例 [Z].

自然资源部，2020.自然资源调查监测体系构建总体方案 [Z].

图书在版编目（CIP）数据

武汉市废弃矿山生态修复模式研究＝Study on Ecological Restoration Model of Abandoned Mines in Wuhan / 刘奇志等著 . —北京：中国建筑工业出版社，2022.12

ISBN 978-7-112-27988-3

Ⅰ.①武… Ⅱ.①刘… Ⅲ.①矿山环境—生态恢复—研究—武汉 Ⅳ.① X322.263.1

中国版本图书馆CIP数据核字（2022）第176736号

责任编辑：焦　扬
责任校对：李美娜

武汉市废弃矿山生态修复模式研究
Study on Ecological Restoration Model of Abandoned Mines in Wuhan
刘奇志　赵中元
武汉市规划设计有限公司　黄　宁　武　静　朱芋静　等著
*
中国建筑工业出版社出版、发行（北京海淀三里河路9号）
各地新华书店、建筑书店经销
北京海视强森文化传媒有限公司制版
北京富诚彩色印刷有限公司印刷
*
开本：787毫米×1092毫米　1/16　印张：6¼　字数：129千字
2023年3月第一版　　2023年3月第一次印刷
定价：98.00元
ISBN 978-7-112-27988-3
　　（40111）